DURA-ACE
11S 50-34MA
DURA-ACE

FAHRRÄDER

KLASSIKER
TRENDS
VISIONEN

ROBERTO GURIAN

DELIUS KLASING VERLAG

COLNAGO
C50

◄◄ Rekonstruktion eines angeblich von Leonardo da Vinci entworfenen »Fahrrades« – es ist nicht fahrbar, da es sich nicht lenken lässt. Ohne Lenkung lässt sich ein einspuriges Fahrzeug aber nicht im Gleichgewicht halten.

◄ Das Joint-Venture von Ferrari und Colnago ist nur ein Beispiel der Zusammenarbeit von Auto- und Fahrradherstellern. Das Rot der Schmiede aus Maranello und das Schwarz des Carbons machen jedes Colnago Ferrari unverkennbar.

Inhalt

Einführung

Es gibt Fahrräder für jeden Geschmack und jeden Zweck. Von der ersten Skizze eines zweirädrigen Gefährts bis in unsere Tage sind Jahrhunderte vergangen, in denen beinahe alles vorkam. Wenn man das Fahrrad verstehen und näher kennenlernen möchte, muss man den Blick für das Übergeordnete bewahren. Wir haben deshalb bei der Geschichte angefangen mit ihren ersten Versuchen, sich auf zwei Rädern per Muskelkraft fortzubewegen. Sich auf die Suche nach der Geburtsstunde des Fahrrades zu begeben ist auch deswegen interessant, weil Fahrräder den Boden für Motorfahrzeuge bereitet haben. Man kann dabei unterscheiden zwischen den frühen Fahrrädern (Velocipeds), den Dreirädern sowie den moderneren Modellen, die wir wiederum in solche vor und nach der Zeit des Zweiten Weltkriegs unterteilt haben. Es wird deutlich, dass das Fahrrad dabei immer differenziertere Formen und Funktionen annahm – ein Transportmittel mit ästhetischem und dynamischem Mehrwehrt. Zur technischen Entwicklung hat die Konkurrenz beigetragen, wobei die Rennstrecken unschätzbare Prüfstände darstellen. Das Kapitel über die modernen Rennräder enthält daher zahlreiche Meilensteine, von der Entwicklung der Gangschaltung über die Verfeinerung der Materialien bis hin zur Carbonfaser und Pedalen mit Schnellauslösemechanismus. Besondere Aufmerksamkeit schenken wir den Fahrradbauern und ihren Schöpfungen, die angenehm aus dem Massenmarkt hervorstechen. Auch hier haben wir die kuriosesten und interessantesten Modelle ausgewählt. Die Zukunft des Fahrrades – eine beständige Evolution – wird vorgezeichnet von Prototypen, die wir in unserem Buch nicht unterschlagen wollen. Natürlich dürfen wir auch die große Familie der Mountainbikes nicht übergehen. Sie bilden fast eine eigene Gattung und bieten zahlreiche technische Finessen. Ein letzter Blick gilt den E-Bikes, die dank des Technologiesprungs bei Akkus und Motoren eine rasante Entwicklung durchlaufen haben. In Kombination mit einer neuen Generation von Autos kommt dem E-Bike vielleicht eine Schlüsselrolle in der künftigen ökologischen Mobilität zu.

▼ Bis zur Erfindung des Kettenantriebs erlebten Velocipeds mit direkt an den Rädern montierten Kurbeln eine kurze Blütezeit.

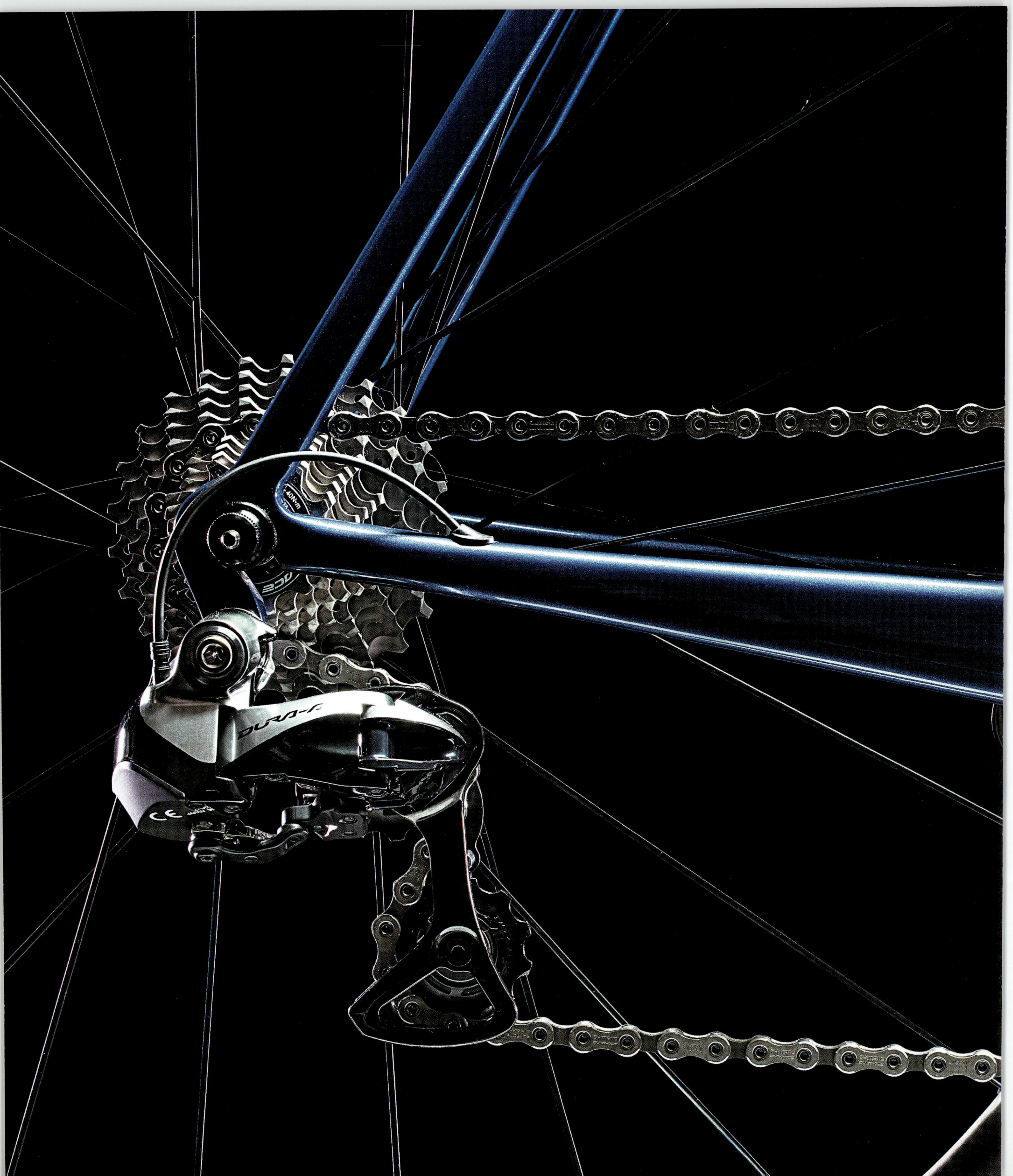

▼ Der elektronisch gesteuerte Gangwechsel ist der vorerst letzte Schritt in der Evolution der Schaltung. Hier die Version von Shimano an der Vandeyk Machine For Riding.

Die ersten Fahrräder

Eine faszinierende Entwicklung

Als das Fahrrad Ende des 19. Jahrhunderts die Welt rasant veränderte, wollten viele an seinen Ursprüngen beteiligt gewesen sein. Es war auch die hohe Zeit des Nationalstaatsgedankens, und so bildeten sich in mehreren europäischen Ländern »Erfindungslegenden« heraus, die diese weltbewegende Schöpfung dem eigenen Volk zuordnen sollten. Dazu gehören der angebliche Comte de Sivrac (den es nie gegeben hat) und sein Célérifere (der Name wurde einem Kutschenpatent entliehen) wie auch der Schotte Kirkpatrick MacMillan, der 1838 den Pedalantrieb erfunden haben soll – nach heutigem Wissen geschah dies deutlich später und durch andere Personen.

Es war eine unüberschaubare Anzahl von Menschen an vielen Orten der Welt, die sich ab der zweiten Hälfte des 19. Jahrhunderts mit der Weiterentwicklung des Fahrrads beschäftigten. Schritt für Schritt wurde es perfektioniert und speziellen Bedürfnissen angepasst. Eine wichtige Verbesserung nahmen Vater und Sohn Michaux vor, zwei Pariser Fabrikanten, die die Pedalen direkt am Vorderrad montierten und damit den Weg zu den Hochrädern bahnten, die erst vom »Safety-Bike« mit seinem Kettenantrieb verdrängt wurden, welches in der Folge, mit Luftreifen ausgestattet, zum modernen Fahrrad führte. Lässt man die Entwicklung Revue passieren, zeigt sich, dass sie von ganz eigenen Bedürfnissen beeinflusst wurde. Die langen Röcke der Damen des 19. Jahrhunderts führten nicht nur zur Erfindung des Damenrades, sondern auch zu einer kurzen Blütezeit von Dreirädern. Das erste moderne Fahrrad verbindet sich mit dem Namen John Starley, doch trugen letztlich zahlreiche erfindungsreiche Männer dazu bei. Bereits vor der Jahrhundertwende, knapp 20 Jahre vor Starleys »Safety Bike«, existierte eine Vielzahl verschiedenster Fahrräder, die teilweise schon industriell gefertigt wurden. Die Nachfrage von Privatleuten und Militär erlaubte es Firmen wie Peugeot und Bianchi, große Fabriken zu errichten – lange vor der Herstellung von Motorrädern oder Autos. Ohne das Fahrrad mit dem Löwen im Wappen wäre Peugeot nicht das, was es heute ist. Erinnert sei aber auch an den Beitrag der Rennfahrer, die auf diesen Rädern Wettkämpfe austrugen und so zum Ruhm der Marken und der Verbreitung des Fahrrades beitrugen.

Die Laufmaschine des Freiherrn Karl von Drais

◀ Der kolorierte Druck aus dem Pariser Museum Carnavalet zeigt das erste Zweirad des Freiherrn von Drais. Als es 1817 vorgestellt wurde, sollte es das Pferd ersetzen. Tatsächlich kam man damit auf ebenen Wegen ähnlich schnell voran.

Die zentrale Erfindung, das steuer- und damit balancierbare einspurige Zweirad, das wir heute als Laufmaschine bezeichnen, stammt vom 1785 geborenen Karl Friedrich Christian Ludwig Freiherr Drais von Sauerbronn, der es im Jahre 1817 vorstellte. Dreißig Jahre später, während der badischen Revolution, stellte sich dieser Adlige auf die Seite der Aufständischen, legte seinen Adelstitel ab und nannte sich Bürger Karl Drais – so ist er uns heute vielfach bekannt. Mit seiner Laufmaschine waren Reisegeschwindigkeiten von gut 15 km/h möglich, natürlich abhängig von den Straßenbedingungen. Drais hat ebenfalls die Draisine (das mit Muskelkraft fortzubewegende Schienenfahrzeug) erfunden, und auch die Tastenschreibmaschine. Nach erfolgreicher Einführung der Laufmaschine und einer schnellen Verbreitung in den europäischen Hauptstädten ging es allerdings bald wieder abwärts damit. Zusammenstöße mit Fußgängern und Kutschen führten europaweit zu strengen Verboten seitens der Behörden. Einige Jahre später war die Laufmaschine fast vergessen. Die Renaissance seiner Idee, verfeinert durch Pedalantrieb und später die Kraftübertragung durch eine Kette, erlebte Drais nicht mehr. Er starb 1851.

▼▶ Diese Laufmaschine, Baujahr angeblich um 1820, besitzt einen gefederten Sattel, der die Fahrbahnunebenheiten ausgleichen sollte. Man beachte den Steuermechanismus mit dem direkt mit dem Vorderrad verbundenen Lenker.

Das Trethebel-Fahrrad

◀ In der Nähe des Museums für Wissenschaft und Technik in Chicago steht eine Replika des ersten Fahrrads mit Pedalsystem.

Der Weg von der Draisine hin zum modernen Fahrrad bliebe ohne die Erfindung der Pedale undenkbar. Seine genaue Erfindung ist nach wie vor ungeklärt. Der häufig genannte Schotte MacMillan im Jahre 1838 war es nicht, möglicherweis aber ein Brite namens Thomas McCall in den 1860er-Jahren. Der Kettenantrieb war damals noch nicht erfunden, die Pedale waren an Fußhebel montiert, die auf das Antriebsrad wirkten. Das Prinzip fand auch bei Drei- und Vierrädern Verwendung, die allerdings aus Gewichts- und Kostengründen keine große Verbreitung erreichten. Diese Form der Übertragung menschlicher Kraft konnte sich gegen die Leichtigkeit und Flexibilität des etwas später aufkommenden Kettenantriebs nicht lange behaupten.

◀ Das Trethebel-Fahrrad aus Chicago besitzt einen Pferdekopf, der auf den Zweck des Gefährts verweist. Der Rahmen und die Räder bestehen aus Holz.

▲ Die Kraftübertragung aufs Hinterrad geschah mittels Pleueln, wie bei einer Dampflokomotive. Der benötigte Kraftaufwand war beträchtlich, was den Durchbruch des Prinzips letztlich verhinderte.

Mitte des 19. Jahrhunderts war die Firma von Pierre Michaux auf die Reparatur der Pariser Draisinen spezialisiert. Da viele Kunden darüber klagten, stets mitlaufen und auf Abfahrten die Füße hochheben zu müssen, kam dem jüngeren Sohn Ernest die Idee, Pedale ans Vorderrad zu montieren. 1861 erblickte die erste so modifizierte Laufmaschine das Licht der Welt. Bald stellten die Michaux eigene Modelle mit größerem Vorderrad, gusseisernem Rahmen, Sattel und Bremse her. Zu den ersten Kunden gehörte der Sohn des Königs Napoleon III. Bereits 1862 wurden 142 dieser Räder gebaut. 1865 setzten die Michaux 400 Stück ab und stiegen bald auf industrielle Produktion um. Ab 1867 bauten sie etwa 200 Räder am Tag und beschäftigten drei Jahre später rund 300 Arbeiter. Als die Michaux allerdings mit den Brüdern Olivier die Firma Velocipedes gründeten, fand das Märchen bald ein Ende, denn sie wurden von den Oliviers aus der Firma gedrängt. Die schwere und unhandliche Velociped war zudem den viel schnelleren Hochrädern unterlegen. Ihr Schicksal schien besiegelt – bis Turner und Starley in England weitere Verbesserungen einführten.

▶ **Bei einer Produktion von täglich 200 Stück verbreitete sich das Modell bis nach England – hier eines von 1870. Ein solches Gefährt hieß in England »Boneshaker«, denn es übertrug jede Unebenheit gnadenlos auf den Fahrer.**

Das Velociped der Michaux von 1861

▼ Die Erfahrungen der Michaux aus dem Schmiedehandwerk zeigten sich in der Gestaltung des Rahmens mit Details wie der verschnörkelten Verlängerung.

Erste Damenfahrräder

◄ Auch Frauen fanden schnell Gefallen an Zweirädern. Hier ein Bildnis der Schauspielerin Marie Ernestine Blanche d'Antigny, besser bekannt als Blanche Dartigny, mit ihrem Rad.

Von Anfang an hatte das Fahrrad das Potenzial zu einem populären Transportmittel für beiderlei Geschlechter. Spätestens mit der starken Verbreitung des Fahrrads um 1900 wurde es nötig, über spezielle Rahmenformen für Frauen nachzudenken. Für Frauen geeignete Rahmen ohne zentrales Oberrohr existierten bereits früh. Ein Beispiel ist das unten abgebildete Rad. Sein Rahmen ist so tief gezogen wie möglich, um den weiten Röcken der Zeit nicht im Weg zu sein. Abgesehen vom ineffizienten Pleuelstangen-Antrieb handelt es sich bereits um eine moderne Bauform. Nach der Vorherrschaft der Velocipede und der anschließenden Blütezeit des Hochrades verhalf der Kettenantrieb dann dieser Bauform schließlich zum endgültigen Durchbruch.

▼ Dieses Pariser Damenrad ist ein Trethebel-Velociped. Sein Rahmen ist so tief gezogen wie möglich, um Platz für die weiten Röcke der Zeit zu schaffen.

André Guilmets Erfindung der Kette 1868 und Harry Lawsons Bicyclette von 1879

Die erste große Fahrradausstellung fand Anfang November 1869 in Paris statt. Auf dieser Schau wurde erstmals ein wichtiges Bauteil präsentiert: eine Kette zur Kraftübertragung von den Pedalen zum Hinterrad. Obwohl sie das Herzstück des modernen Fahrrads ist, wurde sie auf der Ausstellung fast völlig ignoriert. Es war der Uhrmacher André Guilmet, also ein Spezialist für Zahnräder, der den genialen Einfall hatte. Zunächst experimentierte er mit der Kette von Vaucanson. Von Eugène Meyer ließ er ein Rad bauen, an dem ein Gliederstrang ein 29er-Kettenblatt vorn mit einem 20er-Ritzel am Hinterrad verband. Guilmet starb im folgenden Jahr im Deutsch-Französischen Krieg, ohne die Früchte seiner Arbeit ernten zu können. Doch andere Konstrukteure griffen die Idee auf. Die bedeutendste Entwicklung stammt von dem Engländer Harry Lawson, der 1879 in Coventry sein Bicyclette vorstellte. Obwohl die Konstruktion ein deutlich vergrößertes Vorderrad besaß, zwang sie den Fahrer nicht in eine hohe Sitzposition. Somit war gewährleistet, dass er jederzeit die Füße auf den Boden setzen konnte – daher der Name »Safety Bike«. Im Zeitalter des Hochrades geboren, war der Erfolg des Bicyclettes anfangs mäßig, denn es war schwerer und teurer als die Velocipeds. Doch die Weichen des technischen Fortschritts waren gestellt und die Entwicklung näherte sich unaufhaltsam einer funktionelleren Bauweise an.

▼ Das hier gezeigte Rad ist eines der ersten mit Kettenantrieb. Die Idee dazu hatte vermutlich der Uhrmacher André Guilmet, der sie gemeinsam mit Eugène Meyer umsetzte, bevor er kurz darauf im Deutsch-Französischen Krieg fiel.

▲ Die Zeichnung oben zeigt das erste Fahrrad mit Kette, das von Lawson, einem britischen Konstrukteur aus Brighton, entwickelt wurde. Aus Sicherheitsgründen hatten die Räder einen Durchmesser von 23 Zoll, was den Beinamen »Sussex Nano« erklärt.

Das Ariel von James Starley, 1870

▶ Das Foto von 1874 zeigt einen Mann und eine Frau auf Rädern von Starley. Man beachte den Damensitz rechts. Starley führte die gekreuzten Speichen in den Radbau ein.

▶▶ Das Ariel von 1870 entwickelte James Starley gemeinsam mit William Hillman in Coventry. Das Bild zeigt deutlich die filigranen Speichen des Vorderrades mit seinem eindrucksvollen Durchmesser von 150 cm.

Wie wir gesehen haben, litt die Beliebtheit der Michaudine darunter, nicht schneller als 10–12 km/h gefahren werden zu können. Um diesen Mangel zu beheben, entwickelten die Konstrukteure vergrößerte Vorderräder, die mit kleinen Hinterrädern gekoppelt wurden. Mit einem Pedaltritt konnte nun mehr Wegstrecke zurückgelegt werden. Die Entwicklung blieb aber nicht stehen. Ein entscheidender Schritt gelang dem Briten James Starley, einem brillanten Erfinder mit Wurzeln im Gartenbau, als Uhrmacher und als Direktor einer Fabrik von Küchenwaren in Coventry. Diese Firma begann 1861 mit dem Import von Michaux-Modellen, woraus in Starley bald der Drang wuchs, selbst ein Rad zu konstruieren. 1870 präsentierte Starley, nach einem früheren Modell von Coventry, gemeinsam mit William Hillman das Ariel, das sich durch einen Vorderraddurchmesser von etwa 150 cm auszeichnete. Das Hinterrad hatte nur noch eine Stützfunktion. Die wichtigste Neuerung bestand in der Verwendung von Metallspeichen mit der Möglichkeit, die Spannung zu regulieren. Der Fortschritt gegenüber den alten Rädern mit Holzspeichen war enorm. 1874 ging Starley dann zu gekreuzten Speichen über, wovon sowohl die Stabilität als auch der Komfort der Räder profitierten. Um Gewicht zu sparen, bestand der Rahmen aus einem Rohr. Der Fahrer stand quasi auf den Pedalen; der komfortable Sattel erlaubte es ihm, seine Kraft optimal zu übertragen. 1872 fuhren Starley und Hillman an einem Tag die 150 km von Coventry nach London, um die Vorzüge ihres Ariel zu demonstrieren. Während der nächsten 20 Jahre vollzog sich eine rasante Evolution des Velocipeds, das jetzt auch »Bicycle« genannt wurde. Das Hauptproblem bestand in der erhöhten Sitzposition und dem prekären Gleichgewicht. Die Lösung kam 1885 mit dem Rover »Safety Bike«, das John Kemp erfand, ein Enkel von Starley.

Das Peugeot Grand Bi von 1882

Die Wurzeln von Peugeot reichen bis ins frühe 18. Jahrhundert zurück, als die Brüder Jean-Pierre und Jean-Frédéric die Produktion von Metallwaren aufnahmen, darunter auch Regenschirme. Noch heute ist Peugeot bekannt für Haushaltswaren, darunter Salz- und Pfefferstreuer. Diese Produktsparte wurde 1840 mit der ersten Kaffeemaschine eingeleitet. Ende des Jahrhunderts war Peugeot eine etablierte Firma, die 1882 problemlos eine Fahrradfabrik mit 300 Arbeitern aus dem Boden stampfen konnte. Den Anstoß gab das englische Ariel, das in Frankreich weiter verbessert wurde, bis hin zur Rennversion mit knapp über 10 kg. Peugeot nannte sein Veloziped »Grand Bi«. Dank seines enormen Erfolgs findet man es heute in zahlreichen Museen. Wie das Ariel zeichnet es sich durch das große Vorder- und ein kleines Hinterrad sowie die erhöhte Position des Fahrers aus. Aus Gewichtsgründen wurde die Bauweise ständig verfeinert. Erst der Erfolg des Grand Bi ermöglichte es Peugeot, weitere Entwicklungen wie das Dreirad und das kettengetriebene Rad auf den Weg zu bringen. 1886 wurde die Fabrik in Mandeure (bei Belfort) eröffnet. Auf der Weltausstellung 1889 zeigte Peugeot in Paris sein ganzes Programm und eröffnete dort eine Niederlassung. Kurz darauf umfasste der Verkaufskatalog bereits 30 Seiten, und das Produktionsvolumen erreichte 10 000 Räder pro Jahr. Der Erfolg des Grand Bi verschaffte Peugeot einen Wachstumsschub und machte die Firma bereit für das Automobilzeitalter.

◀ Charakteristisch am Grand Bi ist das große Vorderrad. Der Erfolg des Modells ermöglichte es Peugeot, eine neue Fabrik für Dreiräder und kettengetriebene Räder zu eröffnen.

▶ Das Foto veranschaulicht die Dimension des Vorderrades im Vergleich zum Fahrer. Hochräder durchliefen zwischen 1880 und 1890 eine kontinuierliche Entwicklung, bis hin zu leichten Rennversionen.

Das Rover Safety Bike von John Kemp Starley, 1885

▶ Das Rover von John Kemp Starley, dem Enkel von James Starley, gilt als das erste moderne Fahrrad. Seine Räder sind gleichgroß, sodass der Fahrer jederzeit mit den Füßen den Boden erreicht, daher der Name »Safety Bike«.

Mit gewissem Recht gilt John Kemp Starley, der Enkel von James Starley, dem Schöpfer des Ariel, als Erfinder des modernen Fahrrads. Denn ihm verdanken wir die Entwicklung des Fahrrads zu seiner heute vorherrschenden Form. Nachdem er einige Jahre mit seinem Onkel am Velociped gearbeitet hatte, setzte er sich 1877 mit William Sutton zusammen, um ein Rad zu konzipieren, das sicherer und stabiler sein sollte. Der erste Entwurf zum »Safety Bike« hatte noch ein größeres Vorderrad, eine indirekte Lenkung und Kettenantrieb. Es bot vor allem die Möglichkeit, die Füße sofort auf dem Boden abzusetzen. Dieser Prototyp wurde 1885 durch ein Modell mit gleichgroßen Rädern und direkter Lenkung ersetzt. Auf der *Stanley Cycle Show* schlug das Fahrrad dank seiner nie gekannten Fahrstabilität und Wendigkeit sofort ein. Starleys Sorge galt vor allem der Sattelposition, die für die Balance und die Kraftübertragung essentiell ist. Die Vollgummireifen verhalfen dem Rover zu Geschwindigkeiten, die für Velocipeds unerreichbar waren. Die 1887 von Dunlop eingeführten Luftreifen kamen dem Konzept weiter zugute. Viele technische Details des Rover finden sich noch heute an jedem Rad, sodass an dem Erfolg der Konstruktion von Starley und Sutton nicht zu zweifeln ist. Die Firma wuchs und nannte sich ab 1890 »Rover Cycle Company«. Dies war erst der Beginn einer rasanten Entwicklung: Um die Jahrhundertwende stellte John Kemp Starley das erste Elektroauto Englands vor. Leider verstarb Starley recht früh und erlebte nicht mehr, dass Rover auch Motorräder und Autos herstellte und sich zu einer der bekanntesten britischen Firmen mauserte.

Das Humber Cripper

▼ Kurz vor der Einführung des »Safety Bikes« erlebten Dreiräder eine Blütezeit. Das Humber Cripper von 1885 läutete die zweite Generation ein.

Die Geschichte des Dreirades reicht weit zurück – mindestens bis ins Jahr 1680. In dieser erfindungsreichen Zeit baute sich der Deutsche Stephan Farffler ein Dreirad, um sich trotz seiner Querschnittslähmung bewegen zu können. Von Hause aus Uhrmacher, ersann Farffler ein Getriebe, das das Vorderrad mit einer Handkurbel verband. Es verging noch ein Jahrhundert, bis zwei Franzosen, Blanchard und Maguier, das erste »echte« Dreirad der Geschichte erfanden. In England stellte Denis Johnson 1818 ein Dreirad vor. Auch der Durchbruch des Dreirades in Britannien verdankt sich James Starley, der 1876 ein eigenartiges Gefährt mit zwei kleinen, steuerbaren Rädern vorn und einem großen Rad hinten präsentierte. Es hieß Coventry Lever Tricycle und läutete einen wahren Boom ein, sodass im Jahre 1885 in England etwa 20 Hersteller 120 verschiedene Modelle offerierten. Ihr Vorteil gegenüber Velocipeds lag in der Fahrstabilität. Auch der Humber Cripper stammt aus dem Jahre 1885. Seine Leichtigkeit und Einfachheit machten ihn zum Stammvater einer neuen Generation von Dreirädern. Der Name bezieht sich auf Robert Cripp, einem Rennfahrer, der es im Wettkampf einsetzte und damit unzählige Siege einfahren konnte. Die 40 Zoll großen Hinterräder hatten Kettenantrieb, während das 24 Zoll kleine Vorderrad die Steuerung besorgte. Man konnte auch Räder mit 32 Zoll montieren, dann aber mit einem 18-Zoll-Vorderrad. Die Rennversion wog etwa 18 kg, während die Standardvariante 34 kg auf die Waage brachte. Das goldene Zeitalter des Dreirades dauerte kaum bis zur Jahrhundertwende. Das Aufkommen des »Safety Bike« und der Luftreifen ermöglichten bald allen ein stabiles und sicheres Fahrvergnügen – auf nur zwei Rädern.

▶ **Das Humber Cripper wies große 40-Zoll-Hinterräder auf, während das Vorderrad nur 24 Zoll maß. Der Name bezog sich auf den damals mit einem derartigen Fahrzeug erfolgreichen Rennfahrer Robert Cripp.**

Anno V — N. 13 Milano, 15 Luglio 1899 Centesimi DIECI

La Gazzetta dello Sport

SUPPLEMENTO BIMENSILE ILLUSTRATO

Un numero separato: nel Regno cent. 10 | *Direttori: **Costamagna e Rizzotti*** | *Un numero separato: all'Estero cent. 15*

Abbonamento annuo: Al *Supplemento*, L. **2** — Alla *Gazzetta dello Sport* col dono del *Supplemento*, L. **5,50** — All'estero il doppio

« Ciclismo » Ippica » Scherma » Ginnastica » Giuochi sportivi » Alpinismo » Caccia » Tiri » Canottaggio » Nuoto » Sport pedestre »

GIAN FERNANDO TOMASELLI

vincitore del **Grand Prix** di Parigi (25 giugno 8000 fr. e la sciarpa del municipio) su macchina della fabbrica milanese **Edoardo Bianchi**

Ha ventidue anni, essendo nato a Brescia il 28 marzo 1877.

Fu al Ciclisti Club, nella riunione primaverile del 1895, che feci la sua simpatica conoscenza ed amicizia. Dirigevo l'andamento della gara e, come « starter, » disponevo sul traguardo i partenti. — La corsa « juniores » era terminata da un momento appena, quando un giovanotto alto, bruno, mi si presentò, dicendomi:

— Tocca a me, ora?

Teneva la bicicletta a mano, e vestiva una maglia tutta nera. Il suo aspetto era simpatico, aperto, sebbene una leggera incertezza nella voce tradisse un po' di timidezza, timidezza la quale, più che dal carattere, derivava da quel sentimento di fine educazione che è figlia soltanto di eletti natali.

Vedendo che lo guardavo sorpreso, credette non avessi sentito, e rinnovò la domanda.

— Ma la corsa è terminata ora — risposi — come mai si presenta a gara finita?

Sulla sua fronte passò una nube di tristezza, e:

— Non lo sapevo — disse — i miei compagni non mi avvertirono, ed io sono solo, in quel camerino laggiù in fondo....

Era desolato.

Partito da Brescia, dopo qualche brillante prova fatta in provincia, era venuto a Torino, per misurarsi coi campioni noti, ed ecco che la bella speranza falliva, il bel sogno svaniva.

Dopo d'allora, egli cominciò subito a segnalarsi, e nella stessa fine d'anno faceva parlare di sè la stampa sportiva, facendo, a Torino ancora, uno splendido arrivo col Buni e col belga Huet, allora fortissimo, in una batteria, e battendo nella gran finale « tandems, » in compagnia di Narciso Pasta, la coppia mondiale Hautwast-Bourrisowski, vincitori dei celebri fratelli Loste.

Era un predestinato della macchina a due posti.

In seguito, le vittorie non si contarono più. Fu lui che fece impallidire l'astro del ciclismo italiano, Pontecchi, battendolo nel « derby » fiorentino: fu lui ancora che vinse il campionato d'Italia, il gran premio di Monaco, e che col compagno forlivese Pasini, conquistò il titolo di prima coppia tandemistica del mondo.

Ora, come di già si accennò, egli aggiunse il lauro più agognato del ciclismo mondiale. Tomaselli vincitore del gran premio di Parigi, è diventato l'astro del momento, l'uomo del giorno.

E che il Tomaselli possa realmente chiamarsi tale, lo prova la nuova, inconfutabile vittoria, ottenuta la domenica dopo della gran giornata, vincendo ancora, brillantemente, il gran premio della Unione Velocipedistica Francese.

Gli stessi corridori, che, ad una sola settimana di distanza, si appellavano, giudicando la loro sconfitta come irregolare, vennero nuovamente, e con maggior facilità, battuti.

Da quel momento, ogni discussione, ogni commento diventò inutile. Il gran verdetto sportivo fu dato. Tomaselli, vincendo le due classiche prove, si è affermato come corridore *hors-ligne*, ed appartiene ormai a quella categoria di campioni eccezionalissimi, i quali legano il loro nome ad un dato momento sportivo, e che sono ricordati a caratteri indistruttibili nella storia dello sport.

A lui sorrida lieto l'avvenire, egli ha saputo conquistarlo.

Per coloro che desiderassero qualche nota sul campione bresciano, eccoli serviti.

Tomaselli è alto m. 1.74; è piuttosto magro, slanciato, ma proporzionatissimo. La sua muscolatura è secca, pronta allo sforzo, ed arieggia, nell'assieme, quella degli arabi.

Di carattere è simpatico, allegro, vivace, leggermente sarcastico, ma pieno di cuore e di sentimenti gentili, qualità che fanno di lui un amico carissimo, quale si onora di essere

MAGNO

Das Bianchi von Gian Fernando Tommaselli, 1889

◀ Die Titelseite der Monatsbeilage der Gazzetta dello Sport feiert den Triumph von Gian Fernando Tommaselli in Paris. Das Rennen war eine Art Weltmeisterschaft im Einzelzeitfahren.

▼ Der Pariser Sieg trug zu Bianchis Ruhm bei. Die Verkäufe zogen nach diesem Erfolg an, dem eine lange Freundschaft zwischen Tommaselli und Edoardo Bianchi, dem Firmengründer, folgte.

In der Geschichte des Radsports kommt Bianchi ein besonderer Platz zu. 1885 begann Edoardo Bianchi mit der Herstellung und dem Verkauf von Fahrrädern. Nachdem er zum Hoflieferanten ernannt worden war, eröffnete er bald eine neue Fabrik. Die Geschäfte liefen so gut, dass er sich den Luxus erlauben konnte, eine Mannschaft zu gründen, die Straßen- und Bahnrennen bestritt. Er engagierte Gian Fernando Tommaselli, einen jungen Fahrradbauer aus Brescia, der auch Radrennen im Velodrom von Milano bestritt, nicht weit entfernt von der neuen Fabrik. Er hielt bereits den italienischen Geschwindigkeitsrekord und nahm für Bianchi am Grand Prix von Paris teil, der Weltmeisterschaft im Bahnradfahren. Am 25. Juni 1899, im Alter von 22 Jahren, zerlegte er die Konkurrenz und fuhr einen Sieg ein, der ihn und Bianchi weltberühmt machte. Sein Fahrrad war exakt auf die Rennbahn zugeschnitten, hatte einen zeittypischen Lenker, eine großes Kettenblatt, einen Brooks-Sattel und wog um die 10 kg. Gleich nach diesem ersten internationalen Erfolg für Bianchi erging sich Tommaselli in Elogen über seine Rennmaschine; Tageszeitungen veröffentlichten sein Dankschreiben an den Firmeninhaber. Für Bianchi bedeutete dieser Sieg den endgültigen Durchbruch, gefolgt von enormen Verkaufszahlen in ganz Europa. Die Freundschaft zu Edoardo Bianchi zahlte sich für Tommaselli aus, denn er blieb Chef der Rennmannschaft bis in die 1930er-Jahre und fuhr nebenbei auch die ersten Autorennen in Bianchi-Rennwagen.

Das Capitaine Gérard,

1895

Auf Anordnung des damaligen Generals Georges Boulanger führte die französische Armee 1886 Fahrräder ein. Anlässlich des großen Manövers in diesem Jahr nutzte man acht Räder anstelle von Pferden für Meldezwecke. Der Testlauf war erfolgreich, und das Fahrrad fand weitere Verbreitung im Militär. Ein Erlass von 1895 sieht das Fahrrad als Teil der offiziellen Militärausrüstung vor. Die Aufgabe, die Soldaten mit einem Rad auszustatten, das auch in unwegsamem Gelände leicht zu transportieren war, wurde von Capitaine Henri Gérard brillant gelöst, der eines der ersten Falträder entwarf. Das ursprüngliche Patent für ein solches Rad stammt von dem Amerikaner Emmit Latta (1887). Gérard brachte diese Idee nach Frankreich und ließ die ersten Prototypen von Charles Morel fertigen, einem Mechaniker aus der Nähe von Grenoble. Ihr Patent erhielten sie Ende 1894; es erfuhr 1895 wesentliche Änderungen am Klappmechanismus. Die Produktion setzte im April ein und konnte mit den Bestellungen kaum Schritt halten. Im Oktober eröffnete ein Geschäft in Paris, in dem das »pliable (=faltbare) Gérard« oder »Capitaine Gérard« für Jedermann erhältlich war. Der Streit um die Aufteilung des Gewinns entzweite Gérard und Morel allerdings bald. Die Patente wurden 1899 an ein Konsortium aus Peugeot und Michelin verkauft, das die Produktion fortführte. Das Capitaine Gérard ist das Paradebeispiel für ein Militärfahrrad, das die Soldaten gefaltet auf der Schulter tragen konnten. Charakteristisch ist der Bogen um das Hinterrad, der ein Verklemmen beim Falten verhindern sollte.

▲ Ein Exemplar des Capitaine Gérard von 1895, wie es zur Heeresausstattung gehörte. Es war eines der ersten Falträder und verkaufte sich so gut, dass die Produktion erhöht werden musste.

◀ Französische Soldaten mit Falträdern am Nationalfeiertag (14.7.), vermutlich im Jahre 1910. Es lässt sich auch der Schnellverschluss am Klappmechanismus erkennen.

Peugeot 1895, 1896 und 1902

Nachdem Peugeot als Hersteller von Eisen- und Haushaltswaren angefangen hatte, erfuhr die Firma 1878 durch die Neugründung der Söhne der Firmengründer einen fundamentalen Umbau. Es war Armand Peugeot, der auf den Bau von Velocipeds drängte, zunächst Dreiräder, dann Räder in der Art des englischen Safety Bikes. 1886 eröffnete die Firma eine Niederlassung in Valentigney, in der Nähe von Mandeure-Beaulieu. Der Verkaufserfolg war sensationell, besonders nach einem erfolgreichen Auftritt auf der Weltausstellung. 1890 nannte man ein Modell kurzerhand »Löwe« – mit dem entsprechenden Emblem am Steuerrohr. Damit war eine Tradition begründet, die bis heute anhält, in der Peugeot als das »Haus des Löwen« bekannt ist. 1892 produzierte das Werk in Mandeure-Beaulieu 7000 Fahrräder. Daraus wurden vier Jahre später 9500 und 20 000 im Jahre 1900, als dort bereits 650 Arbeiter tätig waren. Der Produktkatalog verzeichnete zahlreiche Varianten, einschließlich Tandems und Kinderrädern. Es waren goldene Jahre, gekrönt von sportlichen Erfolgen. Bereits 1892 fuhren die fünf Erstplatzierten bei Paris–Nantes auf Peugeot-Fahrrädern. Der Bretone Ludovic Morin gewann 3-mal in Folge (1895–1897) den Grand Prix von Paris, eine Art Weltmeisterschaft im Einzelzeitfahren, auf seinem Bahnrad. Dass Peugeot eine Marke von Weltrang war, zeigt der Katalog von 1902, der neben dem ersten »motobicyclette« motorbetriebene Drei- und Vierräder enthält. So entwickelte sich allmählich ein Hersteller von Rollern und Automobilen von Weltrang.

▲ **Der Katalog der Gebrüder Peugeot von 1902 mit den Preisen der damaligen Modelle. Das untere Bild zeigt eines der ersten Motorräder überhaupt, das für die Entwicklung der Firma wegweisend war.**

▶ **Die Anzeige hält den Sieg von Ludowic Morin beim Grand Prix von Paris fest, den er 1896 zum zweiten Mal gewann. Rennerfolge trugen entscheidend zum Renommee der Firma bei.**

PEUGEOT
PEUGEOT
VALENTIGNEY
MORIN
Gagnant du
GRAND PRIX
DE
PARIS
en 1895 & 1896
LES FILS DE PEUGEOT FRÈRES
À VALENTIGNEY (Doubs)

Steyr Waffenrad

Das französische Heer war nicht das einzige, das Fahrräder einsetzte, um Truppenteile schnell zu verschieben. In Österreich gab die Firma Steyr, mit Sitz in der gleichnamigen Stadt, ihren Militärfahrrädern den Namen »Waffenrad«. Die Firma wurde 1821 gegründet und hatte sich auf Kriegsmaterial spezialisiert. Eine lange, friedliche Phase bewegte die Firmenleitung zur Suche nach alternativen Produkten. Da kam das neue Fahrrad aus England, das auf langen Strecken ja schneller als das Pferd sein sollte, gerade recht. Zeit für eigene Entwicklungen blieb keine, also produzierte Steyr ab 1894 Räder von Swift, der Firma von Starley und Turner in Coventry. 1896 ließ man sich den Namen Waffenrad schützen, nachdem sich die Firma in Österreichische Waffenfabriksgesellschaft (ÖWG) umbenannt hatte. Die Verkäufe liefen glänzend, was Investitionen in Entwicklung und Werbung zuließ. Aus der Modellpalette sticht das faltbare Waffenrad heraus, eine Variante des »Capitaine Gérard«. Natürlich verfügte auch das Steyr über Vollgummireifen. Steyr bot auch Postfahrräder an, was zum großen Erfolg des Waffenrads auch außerhalb des militärischen Bereichs beitrug. Als die Firma sich 1924 in Steyr-AG umbenannte, lag die Jahresproduktion bereits bei 350 000 Stück. 1934 erfolgte eine Umwandlung in Steyr-Daimler-Puch, verbunden mit einem Umzug nach Graz, wo unter dem neuen Namen bis 1997 Fahrräder produziert wurden.

◄ Die Fotografie aus dem Jahre 1900 veranschaulicht, wie vielfältig Fahrräder eingesetzt werden können. In diesem Fall setzt das deutsche Heer Fahrräder für den Krankentransport ein.

▼ Das Steyr Waffenrad für das österreichische Heer war wie das »Capitaine Gérard« faltbar und verfügte über Vollgummireifen. Es fand auch bei der Post Verwendung.

A 2547
FIRE

BSA Feuerwehrrad, 1905

Fahrräder haben nicht nur den Vorteil, Menschen schneller als zu Fuß und günstiger als mit dem Pferd zu transportieren. Auch die Zusatzfunktionen, die es erfüllen kann, sind keinesfalls zu unterschätzen. Sogar die Feuerwehren setzten Fahrräder zusätzlich zu anderen Fahrzeugen ein. Um die Jahrhundertwende waren sie in Großbritannien, Frankreich und Australien im Einsatz. Viele gab es allerdings nicht. Eines der bemerkenswertesten Modelle stammt von BSA, dem Akronym für Birmingham Small Arms. BSA wurde später vor allem für seine Motorräder bekannt, begann jedoch mit Fahrrädern. Vermutlich wurde das Feuerwehrrad in sehr kleiner Auflage auf Bestellung hergestellt. Der Rahmen war so gestaltet, dass er einen Schlauch beherbergte, der dann an eine Pumpe angeschlossen werden konnte. Für größere Standfestigkeit sorgte ein Doppelständer am Hinterrad. Neben einem komfortablen Sattel verfügte das Rad auch über eine Sirene, um den Feuerwehreinsatz anzukündigen. Am Lenker war zudem eine Axt befestigt, auf dem Gepäckträger lag der Helm bereit. Nach experimentierfreudigen Anfängen im Fahrradbau wandte sich BSA bald der Motorradherstellung zu und gelangte dadurch auch international zu Ansehen.

▲ Neben den trägen Motorfahrzeugen konnten sich die Feuerwehrleute agiler Fahrräder bedienen. Das BSA von 1905 war mit Schlauch sowie Axt und Helm ausgerüstet.

◄ Um die Jahrhundertwende erhielten die Feuerwehren die ersten motorisierten Fahrzeuge. Das Foto wurde 1904 vor der Londoner Feuerwache Whitefriars aufgenommen. Die Räder sind mit Ketten versehen, um im Schlamm und Schnee fahren zu können.

Das Peugeot von Petit-Breton, 1908

▲ Die humorvolle Anzeige von 1907 zeigt Petit-Breton mit der Liste seiner in jenem Jahr eingefahrenen Erfolge, die Napoleon mit seinen Siegen erblassen lässt. Die vielen Siege waren gute Werbung für die Gebrüder Peugeot.

▶ Zu den Erfolgen von 1907 zählte auch der Gewinn der Tour de France. Das Foto zeigt Petit-Breton am Ende einer der 14 Etappen, die eine unglaubliche Gesamtstrecke von 4488 km ergaben.

Unbefestigte Straßen, schwere Fahrräder, endlose Etappen: Die frühen Radrennen waren wirkliche Abenteuer voller Gefahren und dauerten vom frühen Morgen bis in die Dunkelheit. Zu den Helden dieser Zeit gehörte Lucien Georges Mazan, besser bekannt als Petit-Breton. Seinen Beinamen wählte er, um vor seinem Vater die Teilnahme an Radrennen zu verheimlichen und um seine Herkunft anzuzeigen. Er gewann 1906, 1907 und 1908 Paris–Tours, Mailand–San Remo und Paris–Brüssel. In die Geschichte ging er vor allem wegen seiner zwei aufeinanderfolgenden Toursiege ein (1907, 1908). Sein Peugeot mit dem nach unten gekröpften Lenker ist ein typisches Rad der Zeit. Ein Hebel am Lenker steuerte die schlichte Stempelbremse am Hinterrad an. Stahlrahmen und -gabel stammen ebenso von Peugeot wie sämtliche Komponenten, vom Lenker bis zu den Naben. Die Gangschaltung war noch nicht erfunden. Die Standardübersetzung war 52:18. Auch die Laufräder waren aus Stahl. Eine Pumpe war angesichts der zahlreichen Pannen unentbehrlich. Mit 12,5 kg war das Rad relativ schwer – wie die Räder aller anderen Marken dieser Zeit. Sowohl 1907 als auch 1908 betrug die Gesamtlänge der Tour de France 4488 km, aufgeteilt in nur 14 Etappen. Mit 269 km bildeten Bayonne–Bordeaux die kürzeste und Brest–Caen mit 415 km die längste. Die Leistung der Rennfahrer ist wirklich heldenhaft. Lucien Petit-Breton fuhr die Tour de France 1908 mit einem Schnitt von 28,47 km/h.

◄ Der gezwirbelte Schnauzer ist ein Markenzeichen von Petit-Breton. 1907 war er der erste Gewinner von Mailand–San Remo. Sein Rad brachte 12,5 kg auf die Waage.

▼ Das 1907 bei der Tour de France entstandene Foto ist vielsagend: Man fuhr auf staubigen, löchrigen Pisten. Angesichts der enormen Etappenlängen beeindrucken die erreichten Durchschnittsgeschwindigkeiten.

Das Bianchi für Scharfschützen

Wo in Frankreich Peugeot die Referenz für Fahrräder bildete, war in Italien Bianchi der Marktführer. 1912 gab die Mailänder Firma bekannt, ein Faltrad mit Schulterriemen in Nachahmung des »Capitaine Gérard« zu bauen. Man wählte kleine Laufräder von 60 cm Durchmesser, um eine gute Wendigkeit zu erreichen. Vollgummireifen sollten Pannen verhindern. Der Rahmen des Militärrades war graugrün lackiert und verfügte über einen Gewehrhalter. Das Gewicht betrug gute 16 kg, was nicht wenig war – schließlich sollte das Rad auf der Schulter getragen werden. In den 1920er-Jahren wurde das Fahrrad aufgrund eines neuen Auftrages grundlegend überarbeitet. Es gab nun zwei Modelle, ein gewöhnliches für die Mannschaften und ein besseres für Offiziere. Letzteres verfügte über einen Säbelhalter am Oberrohr anstelle des Gewehrhalters und komfortable Luftreifen anstelle der Vollgummireifen. Diese Kennzeichen der Mannschaftsversion wurden zusammen mit den Schutzblechen, die das Tragen von Mänteln erlaubten, auch von der Ursprungsversion übernommen. Rahmen und Gabel hatten ein einfaches, von Bianchi patentiertes Federungssystem. Um Unfälle zu vermeiden, wurden Felgenbremsen verwendet. Am Lenker ließen sich Petroleum- oder Karbidlampen anbringen, die im Falle von Feindbeschuss mit dunklen Scheiben abgedeckt wurden.

◀▲ Zwei Scharfschützen zeigen sich, in Front- und Rückansicht, mit kompletter Ausrüstung und Bianchi-Klapprad. Es gab davon zwei Modelle, die je etwa 16 kg wogen.

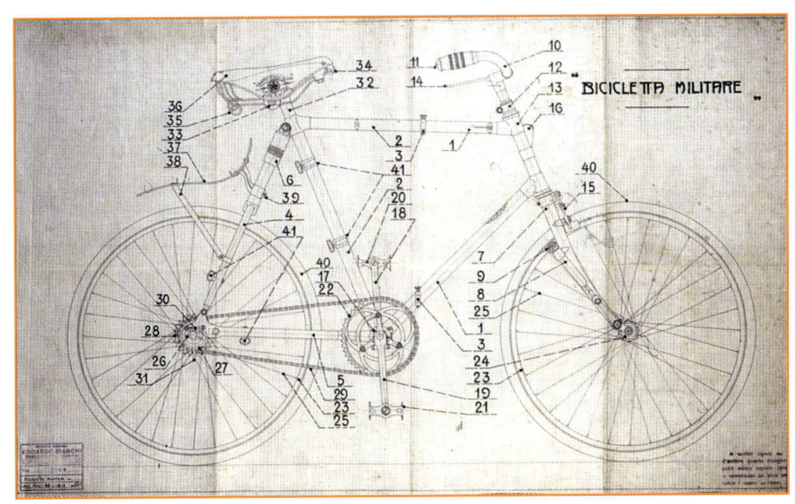

▶ Der Konstruktionsplan zeigt die Maße des Militärfahrrads von Bianchi aus dem Jahre 1915. Die Räder hatten zwecks besseren Transports einen geringen Durchmesser. Vollgummireifen sollten Platten verhindern.

In den 1920er- und 1930er-Jahren war Alfredo Binda die Referenzgröße im internationalen Radsport. Seine Erfolgsliste ist beeindruckend: 5-mal gewann er den Giro d'Italia, so oft wie sonst nur Fausto Coppi und Eddy Merckx. 3-mal war er Straßenweltmeister, gewann 2-mal Mailand–San Remo und den Giro del Piemonte sowie 4-mal den Giro di Lombardia. Seine Überlegenheit war so groß, dass die Organisatoren des Giro d'Italia ihm 1930 die Siegprämie von 22 500 Lire vorab zahlten, damit er überhaupt antrat. Geboren in Cittiglio (Provinz Varese) und von Geburt an mit »Rennfahrerbeinen« gesegnet, trainierte er dennoch gewissenhaft und kümmerte sich sorgsam um sein Material. Davon zeugt auch das Legnano, auf dem er die Weltmeisterschaft in Rom 1932 gewann und das im Binda-Museum in Cittiglio zu sehen ist, am Fuße seines geliebten Berges Cuvignone. An raffinierten Details findet sich ein Loch im Sitzrohr, aus dem ein Röhrchen direkt zur Kette führt, um eine dauerhafte Schmierung zu gewährleisten. Die Farbe des Rahmens ist das Olivgrün von Legnano, das bald nach dem Engagement Bindas 1924 Berühmtheit erlangte. Die zeittypische Vittoria-Schaltung hat einen Kettenspanner und drei Gänge. Das gleichfarbige Legnano, mit dem er die Weltmeisterschaft von 1927 auf dem legendären Nürburgring errang, ist ganz ähnlich ausgestattet. Allerdings hat es keine Vittoria-Schaltung, sondern eine Torpedo-Dreigangnabe mit Rücktrittbremse. Binda beendete seine aktive Laufbahn 1935.

Das Legnano von Alfredo Binda, 1927

◄◄ Alfredo Binda gut frisiert und mit Ersatzschlauch in Aktion auf seinem Legnano. Wie das Foto von 1932 zeigt, fuhr er im Training mit Schutzblechen.

◄ Das Legnano, mit dem Binda 1927 die WM auf dem Nürburgring gewann, hat den firmentypischen Grünton. Die Vorderbremse hat zwei Zangen, die Vittoria-Schaltung kam erst später hinzu.

Moderne

Fahrräder

Zuverlässige und ausgereifte Fahrzeuge

In den vergangenen 70 Jahren ist das Fahrrad immer zuverlässiger geworden, sodass wir es heute als ausgereift bezeichnen können – abgesehen von gelegentlichen Experimenten mit exotischen Materialien. In dieser Zeitspanne haben unsere zweirädrigen Gefährten vielfach Gestalt und Farbe gewechselt und sind sogar mit uns in den Krieg gezogen, wie die Fotos der englischen Soldaten auf den folgenden Seiten zeigen. In den 1960er- und 1970er-Jahren hat sich vor allem das Faltrad großer Beliebtheit erfreut. Der Wunsch nach Kompaktheit und einfachem Transport hat hier Meilensteine wie die Graziella oder, etwas später, das Brompton hervorgebracht. Dies sind nur zwei von unzähligen heute auf dem Markt erhältlichen Falträdern. Doch auch bei nicht faltbaren Modellen geht es aktuell nicht nur um Carbonrahmen und elektronische Schaltungen, die man ohnehin nur an exklusiven Modellen findet. Noch heute bleibt die Eleganz der Räder aus den 1950er-Jahren für viele unübertroffen. Umso schöner ist es, wenn Firmen wie Peugeot sich beim Entwurf aktueller Modelle mit neuester Technik daran orientieren. Ein ganz anderer Fall ist das chinesische

Flying Pigeon, das auch nach vielen Jahrzehnten nahezu völlig unverändert geblieben ist. Es handelt sich um das meistverkaufte Rad der Welt, das allerdings nur selten außerhalb Chinas zu finden ist. Moderne Fahrräder müssen sowohl im Aussehen als auch im Gebrauch gefällig sein, zwei Aspekte, die das MBM Nuda und das einmalige Brooklyn Bicycle Co perfekt miteinander verbinden. Gleiches gilt für das amerikanische Budnitz, vielleicht das beste Beispiel, wie Technik und Design im neuen Jahrtausend fortentwickelt werden können. Die Möglichkeiten sind zahllos, wie die Trekking-Modelle der Kultmarke Dawes oder von Bottecchia zeigen, die beide von neuen Eigentümern geführt werden. Der Fahrradmarkt ist mittlerweile ins Blickfeld großer Autohersteller geraten. So bietet Peugeot eine große Modellpalette an, und Kia und Smart offerieren E-Bikes. BMW baut einige – teils elektrifizierte – Räder mit sehr eigenständigem Design, das den sportiven Charakter der Autos aufgreift. Einen besonderen ökologischen Anspruch hat wiederum die in den USA populäre Firma Schwinn, die Rahmen aus Leinenfasern fertigt. Derartige Entwicklungen prägen sicherlich die Zukunft des Fahrrades, denn der Trend geht zu ökologischen und wiederverwertbaren Materialien.

Birmingham Small Arms (BSA) wurde 1861 gegründet. Das Geschäft drehte sich früh um Zweiräder, darunter der Vertrieb des »Safety Bike«. Schnell wurden die drei aneinandergelehnten Bajonette zum Markenzeichen in der Branche. Seit dem Burenkrieg in Südafrika belieferte BSA das britische Heer. Zu den bekanntesten britischen Militärrädern zählt das Airborne Bicycle, das auf die Bedürfnisse der Fallschirmjäger zugeschnitten war, aber auch an das Heer und die Luftwaffe geliefert wurde. Es handelte sich dabei um ein Faltrad, das die Fallschirmjäger notfalls leicht abwerfen konnten. Ein Rahmen mit geschwungenen Doppelrohren sollte das Gewicht gering halten. Ursprünglich hatte man 10,4 kg angepeilt, doch erreicht wurden letzten Endes 14,5 kg. Die erste Version von 1942 besaß noch ein doppeltes Sitzrohr, das bald durch ein einfaches ersetzt wurde. Von der seltenen ersten und der zweiten Version wurden 70 000 Stück gebaut. Das auch »Parabike« genannte Airborne hatte einen speziellen Halter für den Gewehrschaft am Rahmen. Auch eine Tasche für das Rahmendreieck war verfügbar. Das Firmenlogo befindet sich am Sitzrohr. Am Sattel und auf den Pedalen finden sich zudem die Buchstaben B, S und A. Letztere bestanden nur aus der Achse, unter Verzicht auf den Käfig. Immerhin war an eine Satteltasche mit dem nötigen Werkzeug gedacht.

▶ Die Aufnahme von der Landung der Truppen bei Anzio 1944 zeigt den Einsatz des BSA im Zweiten Weltkrieg. Das Rad wurde von Fallschirmjägern und der Infanterie genutzt.

▼ Die zweite Version des Airborne Bicycle ist an dem einfachen Sitzrohr erkennbar. Insgesamt wurden 70 000 Stück des »Parabike« ausgeliefert. Die geschwungenen Rohre sollten auch den Transport erleichtern.

BSA Airborne Bicycle aus dem Zweiten Weltkrieg

D G
D G
D G
D G
D G
D G
D G
D G
D G

Das Taurus Super Lautal, 1940

Die Produktion der ursprünglich deutschen Marke Taurus wurde in den 1930er-Jahren vor die Tore Mailands, nach Vanzaghello verlagert. Nach Ausbruch des Zweiten Weltkriegs wurde die Firma italienisch. Auf der Suche nach leichten Materialien war man auf Aluminium gestoßen, und in besonders teuren Modellen wie dem Lautal fand es Verwendung. Das Super Lautal mit geradem Oberrohr für Herren und tiefergelegtem Oberrohr für Damen ist noch eine Stufe edler. Für viele Jahre blieb das Super Lautal mit seinem Rahmen aus dünnen Duraluminium-Rohren der Inbegriff von Leichtbau. Taurus verwendete das Material nicht nur am Rahmen, sondern auch an der Gabel, dem Kettenschutz und den Schutzblechen. Selbst die Naben und Pedale waren aus Alu. Am Super Laudal war eine der ersten Gangschaltungen überhaupt verbaut, eine Simplex mit drei Gängen. Charakteristisch für Taurus sind das fünfspeichige Kettenblatt und die Pedalblöcke aus Gummi mit darin eingelassenem T. Bis heute steht Taurus für höchste Qualität, auch über 100 Jahre nach seiner Gründung 1908. Die Produktpalette umfasst Commuter-Bikes ebenso wie stilsichere Retro-Modelle, die der Marke über schwere Zeiten geholfen haben.

▲ **Dieses hübsche Damen-Laudal hat einen Alurahmen und eine Simplex-Schaltung.**

◀ **Dieser Bäckerjunge beweist seinen Gleichgewichtssinn gleich mit fünf Kisten Croissants auf dem Kopf.**

▲ Salvador Dalí mit Leinwänden, Stock und seiner Graziella in der Pariser Rue de Rivoli.

▶ Hier das italienische Faltrad aus dem ersten Baujahr 1964 mit goldfarbener Lackierung.

Graziella

▲ 2012 hat Bottecchia das Graziella neu aufgelegt. Hier das Modell »Gold« mit seinem goldenen Rahmen, auch nach 50 Jahren fast unverändert.

Es war ein Modell, dessen Design den italienischen Blick aufs Fahrrad veränderte. Das Graziella wurde 1964 eingeführt und setzte sich als modische Alternative zu den Standardrädern durch. Seinem Designer Rinaldo Donzelli hatte ein kompaktes Faltrad vor Augen, das man überallhin mitnehmen konnte. Und so stellte die Firma Teodoro Carnielli & Co. aus Vittorio Veneto das erste italienische Klapprad her. Das Zusammenfalten funktioniert mit einem Zug am zentralen Hebel, während Lenker und Sattel leicht demontierbar sind, die sich zudem auf die verschiedensten Größen einstellen lassen. Die Laufräder messen 16 Zoll für ein gedrungenes Packmaß. Die Klingel trägt ein unverkennbares G auf dem Deckel. Bei der Kompaktheit erstaunt das Gewicht von immerhin 16 kg, was aber auch Stabilität verspricht. Der Erfolg war durchschlagend, weil sowohl Frauen als auch Männer, Kinder und Erwachsene damit fahren konnten. Selbst Brigitte Bardot und Salvador Dalí ließen sich auf der Graziella sehen. Werbeanzeigen bezeichneten das Rad als den Rolls Royce von Brigitte Bardot. Carnielli stellte mehrere Versionen der Graziella her, solche mit kleineren Rädern für Kinder, sowie Tandems und sogar Dreisitzer. 1971 wurde auf 20-Zoll-Räder umgestellt. Als Reaktion auf das Schwinn Stingray erschienen das Graziella Leopard und das Cross. Ende der 1980er-Jahre wurde die Produktion eingestellt. 2012 reanimierte Bottecchia das Graziella. Das weiße Modell erinnert an Brigitte Bardot, das blaue an Salvador Dalí, daneben gibt es ein schwarzes und ein goldenes. Die Räder messen 20 Zoll, der Rahmen ist aus Aluminium, die Gabel aus Stahl, geschaltet werden die drei Gänge mit einer Shimano-Nexus-Schaltung. Das Gewicht liegt bei 15,5 kg. Natürlich ist es noch faltbar, laut Hersteller in 20 Sekunden.

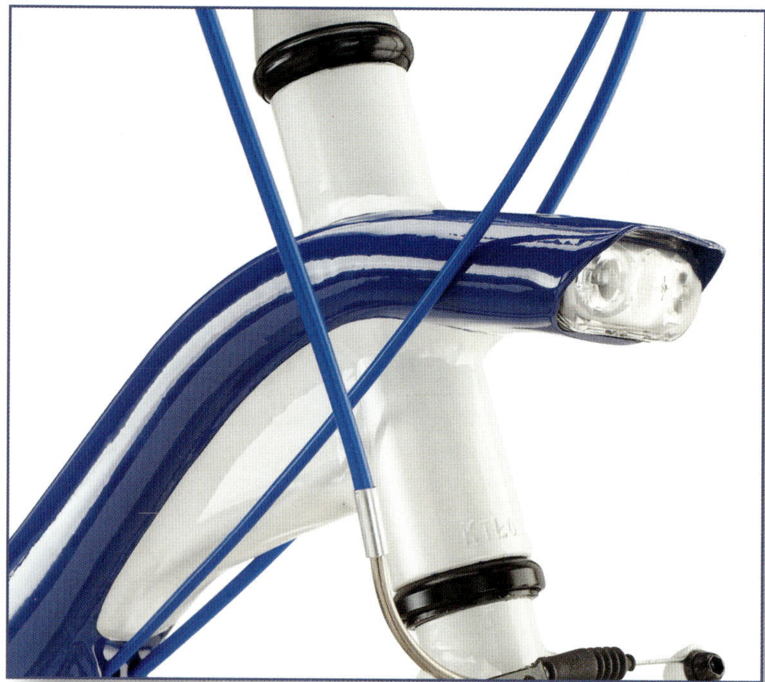

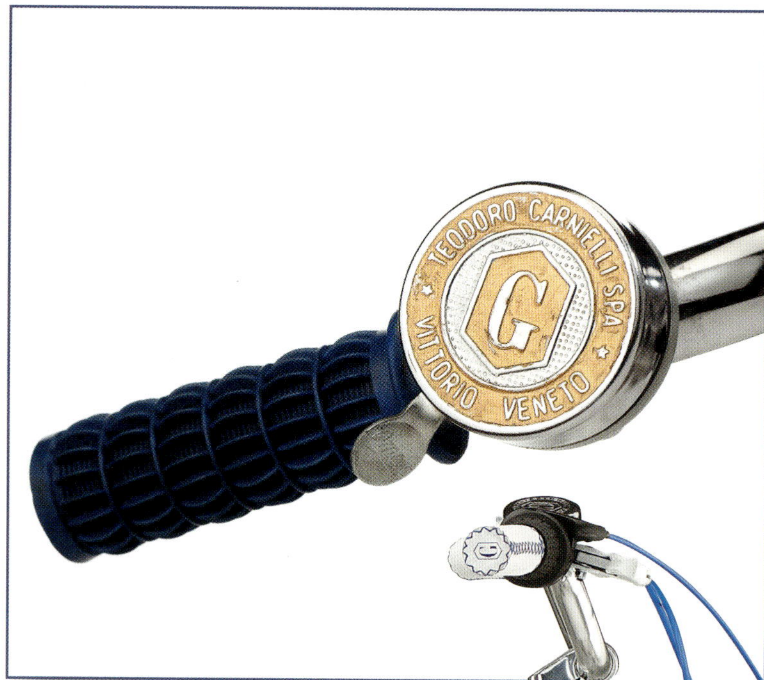
TEODORO CARNIELLI SPA
G
VITTORIO VENETO

GRAZIELLA
GRAZIELLA
G
GRAZIELLA
GRAZIELLA
GRAZIELLA

◀◀▲ Das neue Graziella hat einen Alurahmen, eine Gabel aus Stahl und ist natürlich auch faltbar. Der Frontstrahler ist formschöner als früher.

◀▲ Die Metallglocke mit dem »G« ist unverändert geblieben, deren eindringlichen Ton erkennt man schon von Weitem.

◀▲ Das Graziella des neuen Jahrtausends fahrfertig und gefaltet. Laut Bottecchia dauert die Metamorphose nur 20 Sekunden. Das Gewicht beträgt 15,5 kg.

Rossignoli Garibaldi 71

Unter Zweiradfreunden gehört das 1900 in Mailand eröffnete Geschäft von Rossignoli zu den schicksten überhaupt. Neben dem Verkauf fremder Marken und einer Werkstatt bietet Rossignoli auch eine breite Palette eigener Modelle an, darunter Reise-, Renn- und Dreiräder sowie Tandems. Zu den Klassikern zählt das Garibaldi 71, erhältlich als Damen- oder Herrenrad. Sein Name bezieht sich auf die Geschäftsadresse von Rossignoli. Es ist ein Tourenrad, dessen Stil an Zeiten erinnert, in denen die Straßen Mailands von Fahrrädern nur so wimmelten. Geschwungener Lenker, gefederter Brooks-Sattel und ein geschlossener Kettenkasten ergeben ein stimmiges Bild. In der Standardausführung kommt das Garibaldi mit einem Gang, auf Wunsch gibt es eine Dreigangschaltung. Änderungen des Sattels oder der Griffe sind natürlich möglich. Zur Auswahl stehen fünf Basisfarben sowie die gesamte RAL-Palette für den handgeschweißten Stahlrahmen. Auch die Gabel und das 42er-Kettenblatt sind aus Stahl, wie eh und je.

▶ Das klassische und elegante Garibaldi 71 ist ein Tourenrad, wahlweise auch mit Dreigangnabe. Sowohl Herren- als auch Damenversion sind in allen möglichen Farben erhältlich.

▶ Der Brooks-Sattel komplettiert die klassische Erscheinung des Rossignoli. Auf Wunsch kann man natürlich ein anderes Modell montieren lassen. Wie der Rahmen auch ist die Gabel aus Stahl.

Das Driggs 3 ist durch und durch urban und stammt von Brooklyn Bicycles, auf deren Firmenemblem die gleichnamige Brücke prangt. Auf dem Kettenschutz ist zu lesen »Brooklyn Cruiser«, quasi eine Gebrauchsanweisung für das Rad. Nachdem der Designer Ryan Zagata mal per Rennrad, mal per Mountainbike durch die Straßenschluchten New Yorks gebraust war, kreierte er einfach das optimale Gefährt für seine Zwecke. Vor Augen stand ihm dabei ein Cruiser aus den 1940er-Jahren, daher das doppelte Oberrohr. Passend dazu Lenker, Sattel und Schutzbleche. Trotz Stahlrahmens und -gabel liegt das Gewicht bei nur 14,5 kg. Die Preisliste reicht von knapp 600 Dollar für das Driggs 3 mit Shimano Nexus bis zu 750 Dollar für das Driggs 7 mit sieben Gängen. Die Kettenblattgröße der dreiteiligen Kurbelgarnitur aus Aluminium kann zudem angepasst werden. Das Driggs 3, Aushängeschild der Firma, ist erhältlich in schwarz, jeansblau, orange oder militärgrün.

Brooklyn Bicycle Co. Driggs 3

◄ Das nach dem New Yorker Stadtteil benannte Fahrrad hat einen Rahmen mit doppeltem Oberrohr. Trotz dieser optischen Anleihe aus den 1940er-Jahren ist das Driggs 3 ein ganz und gar modernes Rad.

Bottecchia Alivio 27 S

Trekkingräder sind besonders im Norden Europas beliebt, immerhin verbringt man auf ihnen unabhängig von der Jahreszeit ganze Urlaube. Sie sind wahre Lastenesel, müssen robust, zuverlässig und natürlich komfortabel sein, also wesentlich vielseitiger als Rennräder oder Mountainbikes. Unverzichtbar sind eine Schaltung mit großer Bandbreite sowie Gepäckträger und Schutzbleche. Die Vielfalt an Modellen ist nahezu unüberschaubar. Eines der interessanteren in punkto Preis/Leistung ist das Bottecchia Alivio 27 S, ein typischer Vertreter seiner Zunft. Drei Varianten werden angeboten, darunter das 246 Alivio 27 S Lady mit Starrgabel und Damenrahmen. An der Spitze steht das 250 Alivio 27 S Dynamo Hub mit einer Federgabel von Suntour für ruppigere Strecken. Der Rahmen besteht aus Alu, die Alivio-Schaltung wie die Dynamonabe für die Lichtanlage stammen von Shimano. Der gekröpfte Lenker erlaubt eine entspannte Sitzposition, sodass man die vorbeiziehende Landschaft genießen kann, wozu auch der ergonomische Sattel seinen Teil beiträgt. Das Gesamtgewicht liegt, auch wegen der Federgabel, bei 16,5 kg, beim 245 Alivio 27 S Man hingegen nur bei 14,5 kg. Es ist wegen der Starrgabel aber nicht für Geländeausflüge geeignet.

◀ Radausflüge und -urlaube sind in Mitteleuropa ungeheuer beliebt. Mit dem Bottecchia erhält man ein Rad mit gutem Preis-Leistung-Verhältnis, das es in einer Damen- und Herrenversion gibt.

Es ist nicht leicht, ein Stadtfahrrad mit ansprechender Optik zu konzipieren, das noch erschwinglich ist. Eines, das aus der Masse heraussticht, ist zweifellos das Nuda der in Cesena ansässigen Firma MBM. Für gerade einmal 400 Euro erhält man ein Fahrrad mit minimalistischer Optik und hat zudem die Möglichkeit, die Komponenten auf die Farbe des Rahmens abzustimmen. Letzterer besteht, ebenso wie die Gabel, aus Stahl und ist grau lackiert. Sowohl die Hochprofilräder als auch Sattel, Griffe, Rahmendecals und selbst die Kette sind erhältlich in Beige, Orange, Rot oder Blau. Das Weiß der Reifen gibt einen zusätzlichen Farbkontrast. Das ästhetische Programm des Nuda ist ein Feuerwerk für die Augen. Für den Stadtgebrauch genügt der Singlespeed-Antrieb mit einer Übersetzung von 48 zu 18. Nach dem »Flip-Flop«-Prinzip kann man das Hinterrad anders herum einbauen und erhält ein Fixie mit starrer Nabe. Aus Aluminium bestehen das Sattelgestell, Lenker, Vorbau, Pedale und die Kurbeln. Sattel und Griffe sind mit einem Veloursleder bezogen. Zusätzliche Ausstattungsoptionen werden nicht angeboten. Allerdings offeriert MBM weitere interessante Modelle, mit denen man auch mit Sicherheit auffällt.

MBM Nuda

◀ Trotz des günstigen Preises ist das MBM Nuda mit seiner grellen, aber simplen Optik ein Eyecatcher. Es ist ein klassisches Singlespeed-Stadtrad. Besonders schön sind die Kontraste beim orangefarbenen Modell. Man beachte die Farbgebung sämtlicher Komponenten, bis hin zur Kette und dem Lederbezug von Sattel und Griffen.

Als renommierter Automobilhersteller hat Peugeot seine Wurzeln nie vergessen, die in der Herstellung von Kaffeemaschinen, Pfefferstreuern und, natürlich, Fahrrädern liegen. All diese Produkte werden auch im neuen Jahrtausend weiterhin verkauft, manche mit einigem Traditionsbewusstsein wie beim Legend LCI 1, einem Damenrad im Gewande der 1970er-Jahre, jedoch ausgestattet mit moderner Technik. So liefert ein Shimano-Nabendynamo die Energie für den vorderen Halogen-Scheinwerfer und die LED-Rückleuchte. Die Shimano Nexus-Nabe integriert sich problemlos in die Retro-Optik, ebenso wie der opulente Kettenschutz und die Gepäckträger und Schutzbleche mit der Blende für weite Röcke. Selbst die verchromte Glocke ist damit ganz auf einer Linie. Rahmen und Gabel bestehen aus Stahl, was zu einem Komplettgewicht von 21,9 kg beiträgt. Nur Pedale und Ständer bestehen aus Aluminium. Der Sattel ist ein komfortabel gefederter Spectra Recta, der auch durch einen Brooks ersetzt werden kann. Spanngurte ermöglichen den Transport größerer Objekte auf dem Heckträger. Reflektorstreifen auf den 28-Zoll-Rädern erhöhen die Sichtbarkeit bei Dunkelheit. Serienmäßig kommt das Legend LCI 1 mit Integralschloss. Der Preis ist der hochwertigen Ausstattung durchaus angemessen.

▶ Trotz seiner 1970er-Jahre-Optik finden sich am Legend LCI 1 technische Errungenschaften wie ein Nabendynamo und eine Shimano-Nexus-Schaltung.

Peugeot Legend LCI 1

Schwinn Vestige

Dieses Modell erhielt 2010 einen Preis für Innovation auf der *Eurobike* in Friedrichshafen, der wichtigsten Fahrradmesse Europas. Es ist ein Musterbeispiel für ein ökologisch produziertes Großserienrad, wird aber leider nicht mehr hergestellt. Die Teile aus Leinenfasern sind vollständig biologisch abbaubar und ressourcenschonend. Der Rahmen besteht zu 80 % aus dieser Faser, verstärkt von 20 % Carbon. Besonders im Dunkeln stechen das leuchtende Ober- und Unterrohr ins Auge: LEDs illuminieren die lichtdurchlässigen Rohre von innen, mit Strom aus dem Nabendynamo. Die Lacke sind selbstverständlich auf Wasserbasis hergestellt. Das Aluminium für die Gabel und den Lenker ist recycelt, ebenso wie die aus Autoreifen gefertigten Schwalbe-Reifen. Die Schutzbleche und Griffe aus Bambus-Material setzen eigene Akzente. Die Neunfach-Alivio-Schaltung von Shimano ist optimal für den Einsatz als Stadt- oder Tourenrad. Die Pedale aus Plastik warten mit Katzenaugen auf. Die ebenfalls erhältliche Damenversion des Vestige unterscheidet sich durch ein fehlendes Oberrohr und eine Farbgebung in Weiß mit grünen Dekors.

▲ Die illuminierten Rohre sind das Markenzeichen des Vestige. Diese biologisch abbaubaren Partien des Rahmens sind lichtdurchlässig. Der Strom kommt aus dem Nabendynamo.

▶ Auch die Schutzbleche aus Bambus sind biologisch abbaubar. Sie tragen zum eleganten Gesamtbild des Vestige bei, dessen von Carbon verstärkter Rahmen zu 80 % aus Leinenfasern besteht.

vestige
Schwinn

▶ Das Vestige hat eine moderne Anmutung, auch dank der Shimano Alivio-Schaltung mit neun Gängen. Die Schwalbe-Reifen und die Alu-Bauteile bestehen aus recyceltem Material.

▲ Die Griffe mit Schwinn-Logo bestehen aus Bambus. Die Damenversion kommt in Weiß mit kontrastierendem Grün – natürlich mit Lack auf Wasserbasis.

◄ Das gefaltete Brompton nimmt wenig Platz ein (60 x 27 cm). Das Modulsystem ermöglicht eine Vielzahl von Variationen zwischen 9 und 12,5 kg Eigengewicht.

▼ Dieses gelbe S2L mit blauem Vorderteil und Hinterbau verfügt über einen Sportlenker, zwei Gänge und Schutzbleche. Von den 45 000 jährlich produzierten Rädern gehen 70 % in den Export.

Seit seiner Realisierung im Jahre 1975 (auf Grundlage eines Entwurfs von Andrew Ritchie) ist das Brompton die Referenz für Falträder. Brompton funktioniert nach dem Baukastenprinzip: Der Rahmen bleibt zwar gleich, doch kann man zwischen verschiedenen Lenkern, Gangschaltungen (von einem bis sechs Gängen) sowie Schutzblechen und Gepäckträgern wählen. Auch Rahmenfarbe, Bereifung, Sattel und Lichtanlage sind wählbar. Die Optionen für Packtaschen nicht eingerechnet, ergeben sich so zahllose verschiedene Ausstattungsmöglichkeiten. Dieses Modulsystem spiegelt sich in der Gestaltung des Katalogs wider, mit dem sich auch leicht der Gesamtpreis ermitteln lässt. 2014 wurden in Brentford, einem Londoner Vorort, 45 000 Fahrräder hergestellt, was Brompton zum wichtigsten Hersteller Großbritanniens macht. Jedes Brompton besteht aus 1200 Einzelteilen, wovon drei Viertel Spezialanfertigungen sind, und lässt sich in vier einfachen Schritten innerhalb von 10 bis 20 Sekunden zusammenklappen. Wegen der 16-Zoll-Räder erreicht es ein handliches Packmaß von 60 × 27 cm, sodass es in öffentlichen Verkehrsmitteln oder im Auto kaum stört. Je nach Aufbau pendelt das Gewicht zwischen 9 und 12,5 kg. Die Abkürzungen für die verschiedenen Versionen erklären sich wie folgt: Bei den Lenkern steht M für traditionell, H für erhöht, P für flexibel und S für sportlich. Die darauf folgende Ziffer gibt die Zahl der Gänge an: 1, 2, 3 oder 6. Der sich anschließende Buchstabe E steht für fehlende Schutzbleche und Gepäckträger, L für Schutzbleche, R für Schutzbleche und Gepäckträger. Ein X am Ende erhalten die mit Titan-Komponenten bestückten Leichtversionen. Das abgebildete S2L hat also einen geraden Sportlenker, zwei Gänge und Schutzbleche. Die Preise beginnen bei knapp über 1000 € und steigen enorm, wenn man sich beispielsweise für einen elektrischen Antrieb entscheidet.

Brompton

BMW Cruise M-Bike

◀ Seit über 60 Jahren stellt der Automobilhersteller BMW Fahrräder her. Das Cruise wird auch in der M-Version hergestellt und trägt das Zeichen der Sportabteilung von BMW.

▲ Die Krümmung des Oberrohrs soll an den Nacken eines Stiers erinnern.
Die Federgabel stammt von Suntour, die Scheibenbremsen liefert Shimano.

Zweifellos ist die bayerische Firma BMW vor allem für ihre Autos bekannt. Doch seit über 60 Jahren stellt sie Fahrräder her, die im Ausland offenbar breitere Beachtung finden. Das Basismodell heißt Cruise Bike und setzt – wie jedes BMW-Fahrzeug – auf ein modernes und schnörkelloses Design. Der Alu-Rahmen ist mit einer gefederten Suntour XTC-Gabel bestückt. Das markant gekröpfte Oberrohr nennt sich »bullneck« und soll Kraft ausdrücken. Die Shimano Deore-Schaltung ist mit zehn Ritzeln am Heck und drei Kettenblättern vorn ausgestattet. Die elegante Gesamterscheinung wird auch durch eine versteckte Kabelführung erreicht. Ähnlich den Autos bietet BMW das Cruise Bike in einer extremeren Ausführung an, gekennzeichnet durch das berühmte M aus der Sportabteilung, den schwarzen Rahmen sowie die roten Laufräder und Griffe. Die Version mit dem M auf dem Oberrohr hat ein Sattelgestell und Vorbau-Spacer aus Carbon. Gegenüber der 15 kg schweren Basisversion ist sie 200 g leichter. Die Laufräder sind – abgesehen von der Lackierung – bei beiden Modellen die gleichen, bestückt mit Continental CruiseContact-Reifen. Für Bremskraft sorgen die Shimano-Scheiben mit 180 mm Durchmesser. Auch eine Version mit 250 Watt Bosch-Motor ist erhältlich. Sie hat eine Reichweite von etwa 100 km, wobei die Eigenleistung des Fahrers um bis zu 225 % verstärkt wird.

Als der Verkauf des Galaxy in den frühen 1970er-Jahren begann, revolutionierte es die Fahrradwelt, denn es war das erste in Serie hergestellte Reiserad. Robust und auf schweres Gepäck ausgelegt, bietet es eine ideale Möglichkeit für Radtouristen, die damit an entlegene Orte reisen wollen. Dawes ist eine englische Firma mit Sitz in Castle Bromwich. Sie wurde 1906 als »Humphries and Dawes« gegründet, um seit 1926 als »Dawes Cycles« ausschließlich Fahrräder herzustellen. Schon früh war Dawes renommiert für seine Qualität und seine Militärräder. Auch nach 40 Jahren ist das Galaxy unter Radtouristen hoch angesehen. Seit jeher bestand der Rahmen aus Reynolds-Stahl (neuerdings Chrom-Molybdän), doch gibt es auch eine Leichtversion aus Aluminium. Die Geometrie ist auf Komfort ausgelegt, schließlich verbringt man viel Zeit auf dem Rad. Deshalb ist der Spezialsattel auch mit Gel gepolstert. Geschaltet wird vorn drei-, hinten neunfach mit Shimanos STI Alivio. Die Reifen stammen von Schwalbe. Unter den zahlreichen Modellvarianten sind das Classic, Super und Ultra die teuersten, ausgestattet mit anderen Gangschaltungen, Rahmenlegierungen und Komponenten, wie einem Brooks-Sattel am Ultra. Das Gewicht liegt meist um die 15 kg. Das Galaxy Classic mit der Shimano Tiagra Zehnfach-Schaltung bietet das beste Preis-Leistungs-Verhältnis.

▶ **Das britische Fahrrad ist unter Radtouristen, die auf lange Reisen gehen, eine feste Größe. Traditionell besteht es aus erlesenen Stahlrohren und ist in verschiedenen Varianten erhältlich.**

Dawes Galaxy

Legnano Vintage Gent

Die Geschichte von Legnano ist gespickt mit Anekdoten von Alfredo Binda, Gino Bartali und Fausto Coppi. 1908 von Emilio Bozzi gegründet, begann der Aufstieg der Firma in den 1930er-Jahren durch den Einstieg des Industriellen Franco Tosi aus Legnagno, der den neuen Namen mitbrachte. Die Rennräder in charakteristischem Grün trugen das Signum von Alberto da Giussano, doch wurde Binda der erste wirklich große Botschafter der Marke. Gino Bartali und der junge Fausto Coppi trugen das ihre zur Bekanntheit bei, auch Ercole Bandini wurde 1958 im Sattel eines Legnano Weltmeister. Der in den 1960er-Jahren einsetzende Niedergang führte zum Aufkauf der Marke durch Bianchi Mitte der 1980er-Jahre. Doch obwohl Legnano 1988 Maurizio Fondriest das Weltmeisterrad stellte, gelang eine Wiederbelebung der Marke erst 2012, als sie von der Gruppe Esperia di Cavarzere gekauft wurde. Dieser Konzern beherbergt andere Marken wie Torpado und Fondriest und bietet von Rennrädern über Mountainbikes bis hin zu Reiserädern eine breite Produktpalette an. Dazu gehört nun auch das Vintage Gent von Legnano mit seinem Stahlrahmen in klassischem Finish. Es verfügt über 28-Zoll-Laufräder und einen geschlossenen Kettenkasten sowie einen gefederten Sattel und einen Dynamo. Die Ledertasche mit zwei Verschlussriemen unterstreicht die Retro-Optik des Rades, das auf Wunsch mit Lederteilen von Brooks geordert werden kann.

◀ Wie der Name bereits sagt, ist das Legnano eine klassische Erscheinung. Dynamo, Kettenschutz, Schutzbleche und Bremsen unterstreichen das, ebenso wie die optionale Ledertasche.

▲ Arbeiter zentrieren Laufräder für das Flying Pigeon. Die Anlage steht in Tianjin, etwa 100 km von Peking entfernt. Die Fabrik produziert 800 000 Räder im Jahr. Die Zahl ist aufgrund der ausländischen Konkurrenz rückläufig.

▶ Das PB-13 für Damen hat Metallkorb vorn, eine der wenigen verfügbaren Sonderausstattungen, die für das chinesische Fahrrad erhältlich sind.

▶▶▲ Der PA-06 für Herren kommt mit doppeltem Oberrohr, während das PA-02, auch für Herren, konventioneller ist.

Flying Pigeon

Wenn es um Fahrräder geht, ist es unmöglich, China und die Tatsache zu übersehen, dass diese noch immer das wichtigste Verkehrsmittel der weltweit größten Nation sind. Vielleicht ist die Marke in Europa und Amerika nicht sonderlich bekannt, doch auf Kuba erfreut sie sich großer Beliebtheit, dort heißt das Flying Pigeon einfach »das China«. Bereits im ersten Produktionsjahr wurden etwa 75 Millionen Stück im Werk in Tianjin produziert. Das neue Werk, 1998 eröffnet, produziert rund 800 000 Fahrräder pro Jahr mit einer Bandbreite von 40 verschiedenen Modellen, von denen die traditionelleren in die ganze Welt exportiert werden. Die Klassiker von Flying Pigeon sind das PA-02 und das PA-06 für Herren und das PB-13 für Damen. Alle drei mit Rahmen aus Stahlrohren wurden unter der Vorgabe entwickelt, bequem und einfach zu sein, um die Lebensdauer möglichst auszureizen. Sie verfügen über Räder in 28", nur ein Übersetzungsverhältnis und sind ausschließlich in Schwarz lackiert wie der Ford T, das erste in Großserie gefertigte Auto der Geschichte. Als Zubehör gibt es einen Dynamo und einen Metallkorb, der am Lenker befestigt wird. Der Look ist klassisch, ohne die geringsten Zugeständnisse an moderne Einflüsse. Die Kette ist komplett abgedeckt, wie es in den 1950er-Jahren üblich war, ebenso klassisch sind die Schutzbleche und die simplen Bremsen. Der gepolsterte Sattel ist aus echtem Leder. Das PA-06 unterscheidet sich vom PA-02 durch das Vorhandensein eines doppelten Oberrohrs – ursprünglich als Verstärkung gedacht, um es Landwirten zu ermöglichen, damit Schweine zu transportieren. Das PB-13 für Damen hat die gleichen Eigenschaften wie die anderen beiden Modelle, mit dem offensichtlichen Unterschied des Fehlens eines horizontalen Oberrohrs. Die Herrenmodelle haben einen Zweifach-Ständer, das Damenrad einen einfachen.

B'Twin Original 300

B'Twin ist eine Marke der französischen Decathlon-Gruppe, die auf der ganzen Welt große Einkaufszentren betreibt. Ihre Fahrrad-Fabrik ist in Lille angesiedelt, wo ein Shopping-Village für Fans, die mehr über B'Twin erfahren wollen, samt benachbartem Freizeitpark 365 Tage im Jahr geöffnet ist. Die Schirmherrschaft durch Decathlon garantiert hohe Verkaufszahlen der Marke, die etwa 100 000 Fahrräder pro Jahr produziert und damit in Frankreich den Markt anführt. Die Palette reicht von Mountainbikes – der ersten Liebe von B'Twin – über Rennräder und BMX-Bikes zu Stadt- und Kinderfahrrädern. Alle zu günstigen Preisen aufgrund der Großproduktion. Unter den Allzweck-Fahrrädern ist das Original der Verkaufsrenner, erkennbar an dem überdimensionalen Haupt- und dem verkürzten Oberrohr. Es gibt mehrere Versionen, aber die häufigste ist die 300, die auch in einer Limited-Version mit silbernem Rahmen und leuchtendgrüner Gabel verkauft wird. Rahmen und Gabel bestehen aus Stahl, mit Garantie auf Lebenszeit. Das Gesamtgewicht liegt bei 15,25 kg. Die Schaltung ist von Shimano mit Dreifach-Kurbelgarnitur und sieben Ritzeln, geeignet für alle denkbaren Steigungen. Sowohl 26" als auch 28"-Räder lassen sich montieren. Der Selle Royal ist ein Unisex-Sattel mit Polsterung aus Schaum. Die Reifen sind von einer Eigenmarke, damit das Rad wirklich für jedermann erschwinglich bleibt. Das Original 300 ist auch als EKIT mit einem 250 Watt-Elektromotor und 24 Volt-Batterie erhältlich. Es wiegt 22 kg und bietet eine Reichweite von etwa 30 km.

▲ Das Original ist leicht an seiner Rahmenform mit dem verkürzten Oberrohr zu erkennen. Die Zugehörigkeit zur Decathlon-Gruppe ermöglicht B'Twin konkurrenzlos günstige Preise.

Budnitz No. 3 Honey Edition

▶ Das Honey Edition unterscheidet sich vom gewöhnlichen No. 3 durch honigfarbene Lederteile und cremefarbene Reifen. Möglich sind ein Singlespeed-Antrieb, aber auch 11 oder 14 Gänge. Das Oberrohr spaltet sich in zwei Teile und nimmt dann das Hinterrad auf. Der Rahmen besteht wahlweise aus Titan, um Gewicht zu sparen.

Der Familienname ist deutsch, aber Paul Budnitz ist ein amerikanischer Unternehmer, der über die Gründung einer Fahrradfirma hinaus ein soziales Netzwerk ohne Werbung erfunden hat, genannt Ello. Budnitz Bicycles sitzt in Burlington, im Bundesstaat Vermont, und verschreibt sich seit 2010 dem Bau der schönsten und leichtesten Stadtfahrräder der Welt. Hergestellt aus Titan oder Chrom-Molybdän-Stahl, sind sie an ihrem gewölbten Oberrohr erkennbar, das sich zum Sitzrohr hin zweiteilt. Das No. 3 stellt die höchste Entwicklungsstufe bei Budnitz dar und basiert auf einem Rahmen, der um die 2,7 kg wiegt. Die Räder haben 29″ Größe. Zusammen mit einem langen Radstand und einer speziellen Geometrie sollen so Unebenheiten bestmöglich absorbiert werden. Neben den geschwungenen Rohren schaffen die Titan-Oberflächen an Sattel und Lenker eine unverwechselbare Optik. Die Honey-Edition unterscheidet sich von den Standardmodellen durch den honigfarbenen Brooks-Sattel und Griffe im gleichen Farbton. Spezifisch für die Sonderserie sind auch cremefarbene Schwalbe Marathon-Reifen, die auf schwarzen Eigenbau-Laufrädern montiert sind. Das No. 3 bietet mehrere Schaltungsoptionen. Es beginnt mit der Singlespeed-Variante, geht weiter über eine elektronische Shimano-Schaltung mit elf Gängen bis hin zur Rohloff-Nabe mit 14 Gängen. Stets wird die Kraft von Zahnriemen der Firma Gates übertragen. Die Scheibenbremsen werden wahlweise mechanisch oder hydraulisch angesteuert. Natürlich lassen sich alle Versionen des No. 3 weiter personalisieren. An Zusatzausstattungen sind Schutzbleche aus Holz oder Titan, Heckgepäckträger aus Titan und eine Klingel aus Messing wählbar.

COLNAGO
C51

Moderne Rennräder

Die Evolution des Rennrads

Beim Auto und beim Motorrad war es so, und vorher bereits beim Fahrrad: Bei allen Fortbewegungsmitteln ist der Wettbewerb die beste Prüfbank für Neuentwicklungen, die später in Serie gehen sollen. Das gilt für Vier- wie für Zweiräder, deren Weiterentwicklung unaufhaltsam ist. Ständig sind die Konstrukteure auf der Suche nach Wegen, der Konkurrenz eine Radlänge voraus zu sein. Die Geschichte des Rennrads beginnt bereits mit den ersten Fahrrädern. Das betrifft sowohl den Rahmen als auch alle anderen Komponenten. Das Bedürfnis nach einer Gangschaltung beispielsweise hat eine unglaubliche Entwicklung angestoßen. Und ohne die Tour de France, den Giro d'Italia und andere Rennen wären die Prototypen von Tullio Campagnolo nie so schnell zur Serienreife gelangt. Von den einfachen Doppelhebeln bis zur elektronischen Schaltimpulsübertragung führte der Weg zum zuverlässigen Endprodukt stets über Radprofis, die Prototypen im Wettkampf erprobten. Die folgenden Seiten veranschaulichen, wie sich das Rennrad seit den Zeiten Gino Bartalis verändert hat. Auch das kleinste Bauteil durchlief eine Entwicklung bis zu einem Niveau, von dem man heute kaum glauben kann, wie es noch besser gehen soll. Rahmen bestanden zunächst aus Eisen, dann aus Stahl. Heutzutage formt man sie aus Carbon, unter besonderer Beachtung der Aerodynamik, deren Bedeutung steigt, je größer die Geschwindigkeit ist. Die Entwicklung hin zum Klickpedal ist ebenso faszinierend. Und all das, von den Laufrädern über die Bremsen bis zu den Reifen, basiert auf Rennerfahrung, gesammelt auf der ganzen Welt. Top-Entwicklungen wie das an Science-Fiction erinnernde Specialized/McLaren kosten bis zu 20 000 Euro, das Colnago in der Ferrari-Ausstattung für anspruchsvolle Kunden kostet kaum weniger. Historische Rennräder bleiben auf ewig verbunden mit den Champions und den großen Siegen, die sie damit einfuhren. Erst sie haben den Radsport so groß gemacht. Man kann nur spekulieren, was Sportler wie Bartali und Coppi, Merckx und Gimondi auf den Rennmaschinen der jüngsten Generation erreicht hätten. Wenden wir uns nun der Geschichte des modernen Rennrads und seiner berühmtesten Fahrer zu.

Legnano von Gino Bartali

mit Campagnolo-Schaltung

◀ Das Legnano von Gino Bartali in charakteristischem Grün stammt aus den späten 1940er-Jahren und hat zwei Schalthebel. Diese Schaltung wurde 1946 von Campagnolo eingeführt und war damals das Nonplusultra.

In der Geschichte des Radsports kommt manchmal einzelnen Bauteilen eine Schlüsselrolle zu. Die Möglichkeit, mehrere Übersetzungen am Hinterrad zu verwenden, erwies sich schnell als fundamental für Rennfahrer. Hier war Tullio Campagnolo ein Pionier, der die erste Gangschaltung erfand, die im Prinzip noch heute so funktioniert. Bereits 1935 erhielt er ein entsprechendes Patent, doch erst 1946 gelang ihm mit dem »Cambio Corsa« (»Rennschaltung«) der Durchbruch. Die Hinterradnabe trug vier oder fünf Ritzel, und es war nicht gerade leicht, mithilfe der beiden Hebel an der Sitzstrebe zwischen ihnen zu wechseln – nur den Besten gelang dies während der Fahrt: Nachdem man den Nabenhebel geöffnet hatte, führte man die Kette mit dem zweiten auf das gewünschte Ritzel, wobei es nötig war, kurz rückwärts zu treten. Für einen Rennfahrer bedeutete es einen erheblichen Vorteil, das Prozedere sicher zu beherrschen. Zu diesen Meistern gehörte zweifellos Gino Bartali mit seinem Legnano. Eines seiner Räder mit dem Cambio Corsa wird in einem Florentiner Museum ausgestellt, das dem toskanischen Champion gewidmet ist. Es handelt sich um ein Leichtbau-Modell mit möglichst wenigen Schweißstellen, um so viel an Gewicht zu sparen wie möglich – natürlich im unverwechselbaren Legnano-Grün. Auf einem ganz ähnlichen Modell gewann Bartali 1948 die Tour de France, genau zehn Jahre nach seinem ersten Sieg bei dem französischen Etappenrennen.

◄ **Zehn Jahre nach seinem ersten Erfolg gewann Bartali die Tour de France zum zweiten Mal. Links sieht man ihn bei einer Attacke am Croix de Fer.**

▲ **Gino Bartali beim Gangwechsel mit dem Cambio Corsa von Campagnolo. Er handhabte dieses komplizierte Prozedere als einer der Besten.**

Bianchi
Bianchi

Das Bianchi von Fausto Coppi, Weltmeister 1953

◀ Das Bianchi, mit dem sich Coppi 1953 in Lugano den Weltmeistertitel sicherte, befindet sich heute noch im Originalzustand. Die Schaltung ist eine Campagnolo Gran Sport.

Wie einen Schatz hütet Bianchi das Fahrrad, mit dem Fausto Coppi 1953 in Lugano den Weltmeistertitel errang. Obwohl der Zahn der Zeit dem Lenkerband und den Reifen zugesetzt hat, ist der historische Wert davon unberührt. Das Rad trägt noch immer die Nummer 60, die in die Annalen des Radsports einging. Selbst die Trinkflasche mit dem Korkstopfen steckt noch am Rad, dem treuen Gefährten, mit dem Coppi an diesem 8. August das Regenbogentrikot einfuhr. Zu den bemerkenswertesten Bauteilen zählt die Campagnolo Gran Sport, die 1950 präsentiert wurde und die erste Schaltung mit Umwerfer am Kettenblatt war. Nach zahlreichen Trainingsfahrten am Crespera, dem entscheidenden Anstieg, entschied sich Coppi für eine Übersetzung von 51/47 vorn und 14/15/17/19/21 hinten. Die Leichtlaufräder sind mit 250 g leichten Pirelli-Reifen bestückt, die weniger Gewicht als Reifen für Etappenrennen aufwiesen. Die Bremshebel stammen von Universal. Nach seinem Sieg wurde Coppi von den Massen gefeiert, bis zu 300 000 Menschen erwiesen ihm die Ehre. Für den Campionissimo war es eine der letzten Gelegenheiten gewesen, den lange ersehnten Titel zu holen, denn er war bereits 34 Jahre alt. In der achten Kehre vor dem Gipfel des Crespera schüttelte er fast alle Kontrahenten ab, darunter Luison Bobet und Ferdi Kubler. Den Belgier Germain Derijcke wurde er allerdings erst auf der letzten Kehre los. Coppi siegte mit über sechs Minuten Vorsprung. Seine Worte im Ziel: »Das ist der schönste Tag in meinem Leben!«

◀ Fausto Coppi setzt auf dem Giro d'Italia am Pordoijoch alles auf eine Karte. 1953 konnte er sich gegen Hugo Koblet behaupten und die Rundfahrt zum fünften Mal gewinnen.

Das Gitane von Jacques Anquetil, 1963

▼ 1962 stieg Jacques Anquetil mit seinem Team Saint-Raphaël auf Gitane um. Das Azurblau ist das gleiche wie bei den französischen Rennwagen. Die Schaltung kam von Teamsponsor Campagnolo.

▲ Anquetil als Gesamtführender der Tour de France 1963 im Gelben Trikot. Der folgende Gesamtsieg war sein vierter in diesem Etappenrennen, das er noch ein fünftes Mal gewinnen konnte. Diese Erfolge trugen auch zur Bekanntheit von Gitane bei. Das Team Saint-Raphaël überließ nichts dem Zufall und hatte überdies sehr schicke Trikots.

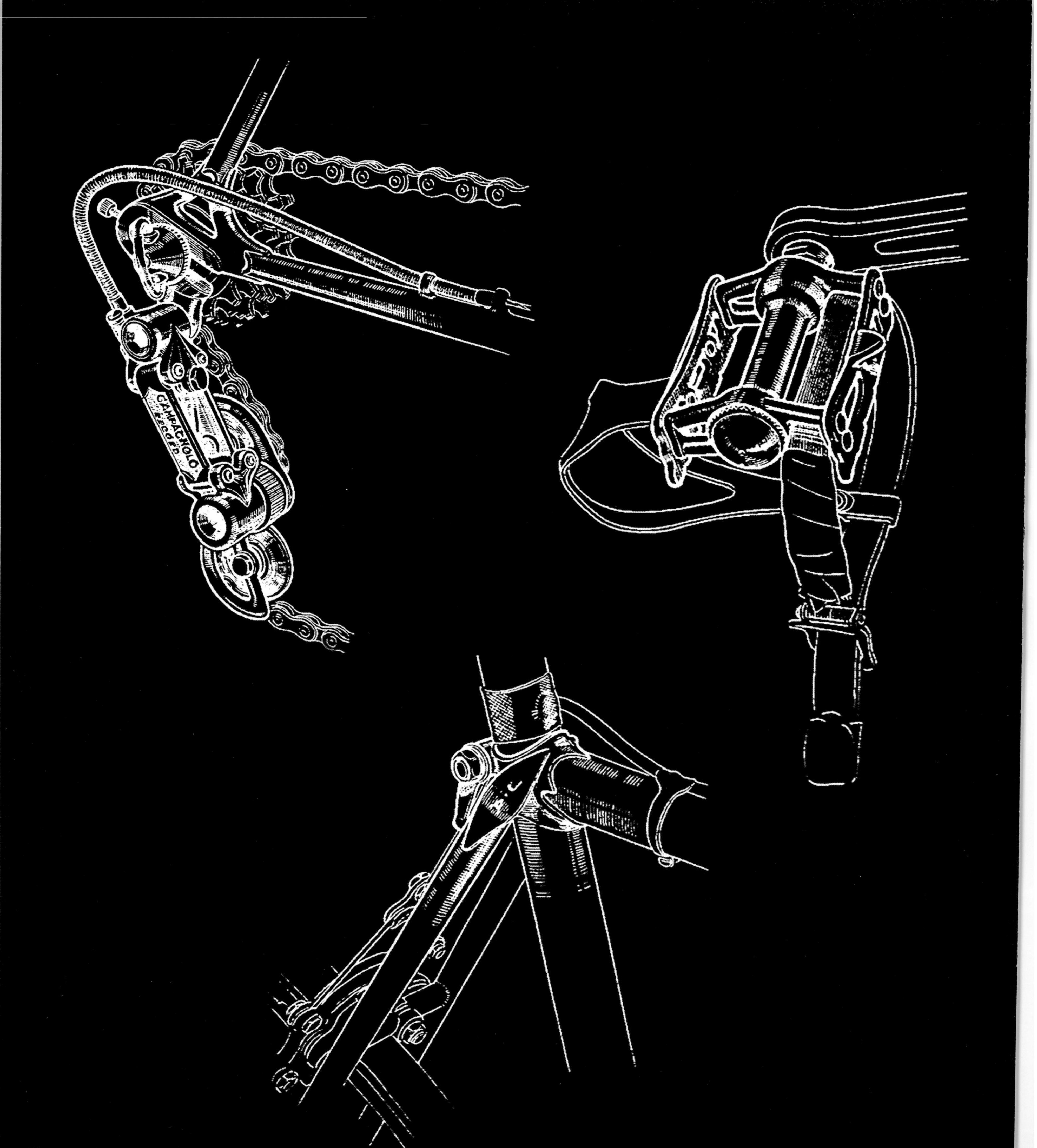
CAMPAGNOLO

Als Jacques Anquetil zum Team Saint-Raphaël stieß, der Mannschaft von Raphaël Geminiani, in seiner aktiven Zeit ein Rivale von Fausto Coppi, hatte er bereits viel erreicht. Der Normanne hatte bereits 2-mal die Tour und 1-mal den Giro gewonnen, um nur die größten Erfolge zu nennen. In ihrem ersten Rennjahr setzte das Team auf Helyett-Räder mit Simplex-Schaltung, womit Anquetil seinen dritten Toursieg errang. 1963 wechselte Saint-Raphaël auf Räder von Gitane, einer französischen Firma, die in den 1950er-Jahren auch mit Motorrädern expandiert hatte. Ein weiterer Toursieg Anquetils machte die Marke weithin bekannt. Gitanes Azurblau war übrigens das der französischen Rennwagen Bugatti und Matra. Auch wenn der Rahmen aus Machecoul (Loire-Atlantique) stammte, so verfügte das Gitane doch über italienische Komponenten. So lieferte Campagnolo die Schaltung für das Team in rot-weiß-blauen Trikots – den schönsten in der Geschichte des Radsports. Seinen fünften Toursieg fuhr Anquetil mit diesem Equipment ein. Diese Erfolgswelle beflügelte die Verkaufszahlen von Gitane, die bis in die 1980er-Jahre hoch blieben – dank weiterer Champions wie Hinault und Fignon. Was Anquetil betrifft, so beendete er 1969 seine Laufbahn als Aktiver und wurde Direktor der französischen Nationalmannschaft und Fernsehkommentator, bis er wegen Alkoholexzessen in die Schlagzeilen geriet.

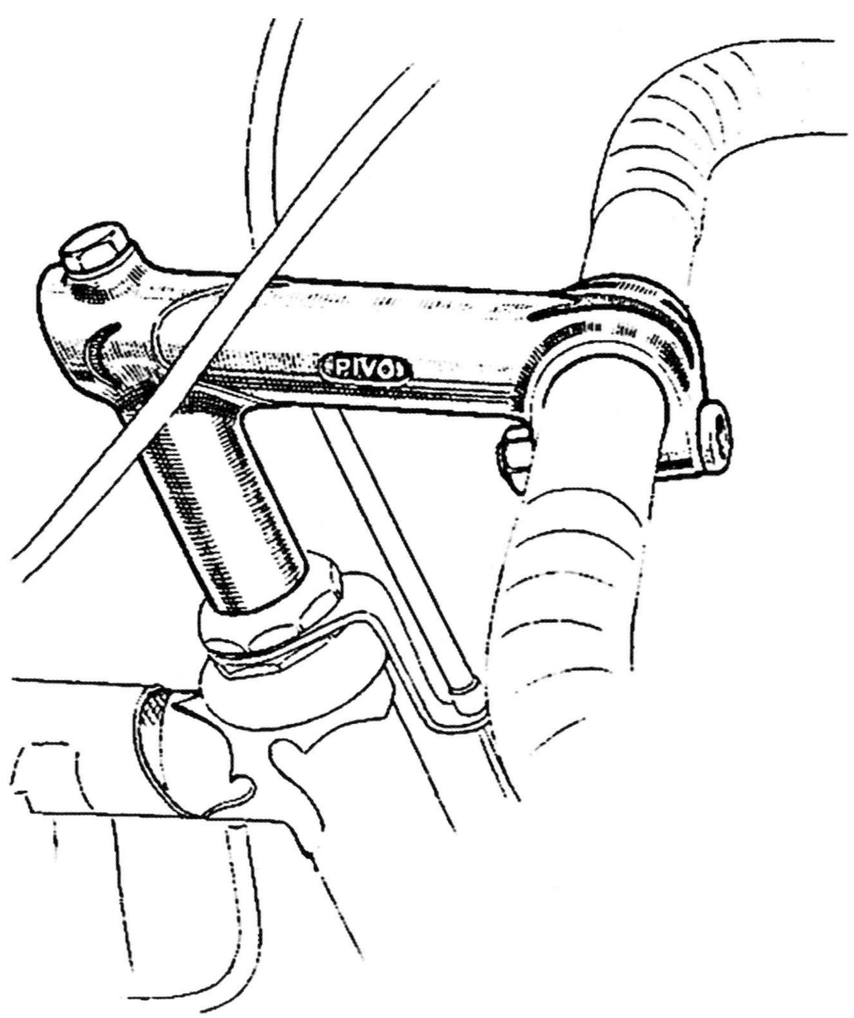

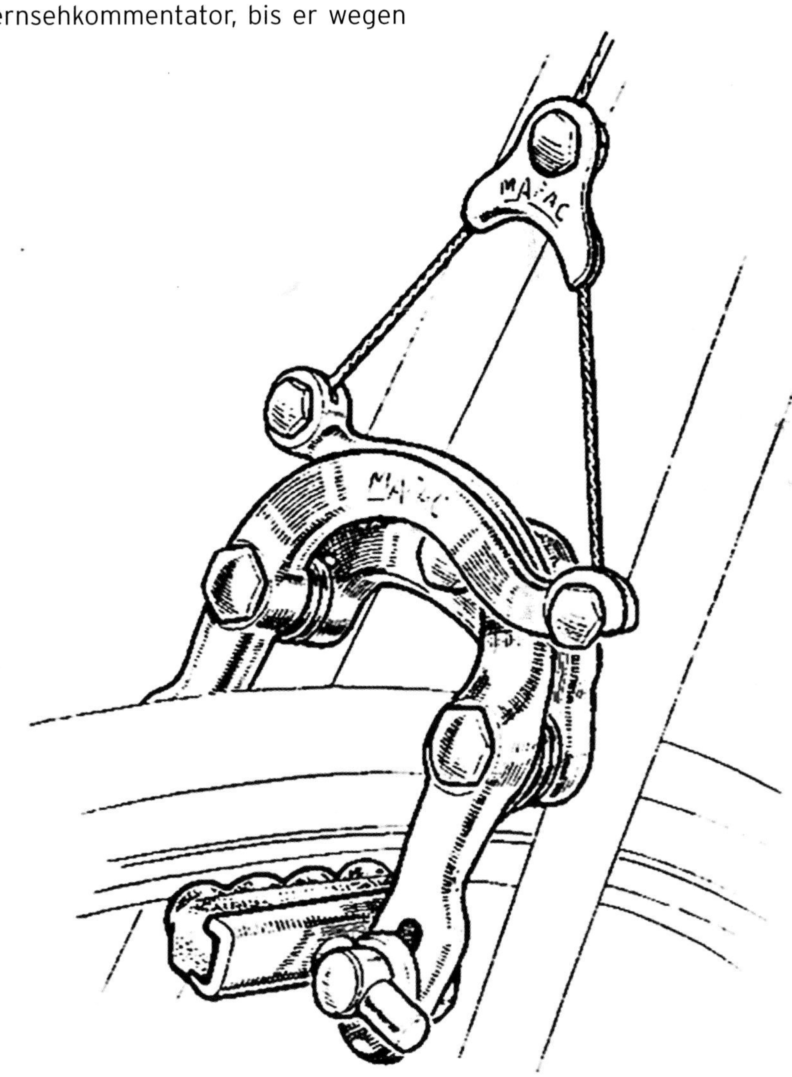

◄◄ Die Zeichnungen zeigen Details von der Campagnolo-Schaltung, die am Gitane verbaut wurde, sowie die Sitzrohrmuffe des Rahmens und die zu dieser Zeit typischen Pedalen mit Käfig und Riemchen.

▲ Einige Komponenten wie Lenker und Bremsen, die Anquetil 1963 und 1964 an seinem Gitane verwendete. Die Firma wurde zwischen den Weltkriegen in Machecoul bei Nantes von Marcel Brunelière gegründet.

Das Chiorda Magni von Felice Gimondi, 1965

An der Tour de France von 1965 hätte Felice Gimondi eigentlich gar nicht teilnehmen sollen. In letzter Minute wurde der 22-jährige Bergamese in seinem ersten Profijahr als Ersatz für Battista Babini und als Wasserträger für Vittorio Adorni, den Kapitän von Savarani, verpflichtet. Zur allgemeinen Überraschung schnappte sich der Gewinner der Tour de l'Avenir, eines Nachwuchsrennens, auf der dritten Etappe nach Rouen das Gelbe Trikot und gab es nur wenige Male ab, bevor es in die Pyrenäen ging. Nachdem er dort die Attacken seines härtesten Rivalen, Raymond Poulidor, abgewehrt hatte, besiegelte Gimondi seinen Triumph mit zwei Siegen im Berg-Zeitfahren am Mont Revard und auf der Schlussetappe. Ein Stern war geboren. Selbst als Eddy Merckx auf den Plan trat, konnte Gimondi noch 3-mal den Giro, die Tour und die Spanienrundfahrt gewinnen, bevor er 1973 Weltmeister wurde. Jedermann verbindet den Namen von Savarani, seinem Team, mit Bianchi, doch den Sieg von 1965 fuhr er auf dem wenig bekannten Chiorda Magni ein.

Ettore Chiorda, in den 1920er-Jahren aktiver Rennfahrer, gründete die Firma in Albino bei Bergamo. In den 1960er-Jahren wurde Chiorda von Angelo Trapletti übernommen, der bald auch Bianchi kaufte. Es gibt Hinweise darauf, dass das hier gezeigte Rad bereits von Bianchi hergestellt wurde. Der Name bezieht sich auf Fiorenzo Magni, einem bekannten toskanischen Fahrer aus der Zeit Coppis und Bartalis. Markant sind der azurblaue Rahmen und das Bremskabel, welches über das Oberrohr geführt wird. Die Schaltgruppe ist eine Campagnolo Record, die 1960 eingeführt wurde.

▼ Nur wenige wissen, dass das Rad, mit dem Gimondi 1965 die Tour de France gewann, ein Chiorda Magni war. Einige behaupten, es stamme aus der Fertigung von Bianchi.

▶ An der Tour von 1965, die ihn weltberühmt machte, hätte Felice Gimondi eigentlich gar nicht teilnehmen sollen. Die Aufnahme zeigt ihn an der Spitze des Feldes im Gelben Trikot, hinter ihm Gianni Motta von Molteni.

PEDALE brevettato « M-71 »
senza fermapiede e senza cinghietta

◄ Eine der wichtigsten Erfindungen im Bereich der Komponenten waren Klickpedale. Das erste Patent darauf erhielt Cinelli 1970, gut 15 Jahre vor der erfolgreicheren Weiterentwicklung durch Look.

▼ Ein Bahnrad von Cinelli mit den hauseigenen Klickpedalen. Für diese Rennrad-Gattung waren die M71 besser geeignet als für Straßenräder.

Wie ein Großteil der Hersteller von Fahrrädern und Komponenten war auch Cino Cinelli einst ein Rennfahrer. Trotz härtester Konkurrenz, vor allem durch Bartali und Coppi, gelangen ihm Siege bei Mailand–San Remo, beim Giro dell'Appennino, Giro del Piemonte, beim Tre Valli Varesine und Giro di Lombardia. Bereits als aktiver Fahrer in den späten 1930er-Jahren entwickelte er eigene Lenker und Vorbauten. Nach seinem Karriereende hatte er sich zunächst auf die Herstellung von Komponenten spezialisiert, ehe er auch Kompletträder anbot. Zu seinen bemerkenswertesten Erfindungen zählen die M71-Pedale mit Schnellverschluss. Sie sollten eine stabile Verbindung zwischen Fahrer und Fahrrad gewährleisten und die damals gebräuchlichen Pedalen mit Körbchen und Riemchen ersetzen. Die erste Generation des M71 erschien 1970, also 15 Jahre vor den Klickpedalen von Look, die den Markt revolutionieren sollten. Der Pedalkörper bestand aus Stahl, die Schuhplatten waren aus Alu. Um den Schuh aus dem Pedal zu lösen, musste man per Hand einen kleinen Hebel betätigen. Die Idee an sich war genial, doch in der Praxis verwendete man das System nur auf der Bahn, auf der Straße war es zu gefährlich. Vor allem Sprinter sollten davon profitieren. Vom M71 gab es vier Entwicklungsstufen: Bereits 1971 kamen Schuhplatten aus Plastik auf den Markt, wegen des geringeren Verschleißes. In der vierten Generation bestand der Pedalkörper dann aus Aluminium, nicht mehr aus Stahl.

Cinelli mit Klick-pedalen, 1970

◀ Die Perfektionisten Ernesto Colnago und Eddy Merckx unter sich. Hier diskutieren sie die Details des Fahrrads, mit dem der belgische Champion 1972 in Mexiko-Stadt den Stundenrekord erobern sollte.

◀▼ Das Rekordrad brachte gerade einmal 5,75 kg auf die Waage. Ermöglicht wurde das durch edle Materialien wie Titan und größte Sorgfalt bei der Auswahl jeder Schraube.

▼▶ Der orangefarbene Rahmen mit dem Namenszug von Merckx hatte konifizierte Rohre, um Gewicht zu sparen. Zudem montierte Colnago eine Kette mit besonders leichten Hohlnieten.

Das Colnago-Rekordfahrrad von Eddy Merckx aus dem Jahre 1972

Es erscheint unglaublich, dass das Fahrrad von Eddy Merckx, mit dem er 1972 den Stundenrekord fuhr, nur 5,75 kg wog – und das ohne den Einsatz von Carbon! Dieses Meisterstück gelang einem der renommiertesten Konstrukteure aller Zeiten: Ernesto Colnago. Die Zusammenarbeit zwischen dem Meister aus Cambiago und dem belgischen Champion kam mit dessen Wechsel zum Team Molteni zustande. Damit hatten sich zwei Perfektionisten gefunden, die das Bestmögliche aus der Mechanik herauskitzelten. Merckx verbrachte viel Zeit in der Werkstatt, in der Colnago insgesamt etwa 100 Räder für ihn baute. Das Glanzstück darunter ist das Bahnrad, mit dem Merckx am 25. Oktober 1972 in Mexiko-Stadt den Rekord des Dänen Ole Ritter brach. 200 Arbeitsstunden steckten darin, da jedes Teil (wie etwa der 130 mm lange Titan-Vorbau aus den USA) handverlesen war. Rahmen und Gabel sind aus konifiziertem Stahlrohr, um kein unnötiges Gewicht mitzuschleppen. Der Antrieb besteht aus 175-mm-Kurbeln und einer von Hand hohlgebohrten Kette, womit 95 Gramm gespart wurden. Selbst am Lenker befinden sich Löcher, damit wirklich nur das Notwendigste an Material am Fahrrad verblieb. Die Laufräder haben weniger Speichen, als zu dieser Zeit üblich: vorn 28, hinten 32. Die Speichen bestehen aus einer Titanlegierung, bei den Naben kam Beryllium zum Einsatz. Natürlich sind auch die 95 g leichten Schlauchreifen Spezialanfertigungen. Der Plastiksattel ist hauchdünn mit Veloursleder bezogen. Mit einem 52er-Blatt und einem 14er-Ritzel ausgerüstet und in blendender Form nach einer Saison, in der er die Tour gewonnen hatte, erreichte Merckx in einer Stunde 49,431 km und übertraf damit Ritters Rekord um satte 800 m.

◀ **Selbst der Lenker wurde aus Gewichtsgründen angebohrt. Die Speichen bestanden aus einer Titanlegierung, während die Naben mit Beryllium legiert waren.**

▲ **Im Velodrom von Mexiko-Stadt fuhr Merckx in einer Stunde 49,431 km und übertraf damit Ole Ritters (DK) Rekord um bemerkenswerte 800 m.**

◀ Das 52er-Kettenblatt wurde zur Gewichtserleichterung angebohrt. In Kombination mit dem 14er-Ritzel lag der Entfaltungsgrad bei 7,89 m. Die Länge der Kurbeln ist mit 175 mm exakt für Merckx passend.

gan
gan

Das De Rosa von Eddy Merckx, 1974

◄ Eines der Räder von Merckx, mit dem er 1974 den Giro d'Italia, die Tour de France und die Tour de Suisse gewann. Der Belgier war ein Perfektionist, ständig mit der Optimierung seines Materials befasst.

Nach seinem Triumph 1972 in Mexiko blieb Merckx seinem Team Molteni treu, das jedoch mit Ugo De Rosa einen neuen Fahrradsponsor erhielt. Dem Radbauer aus Mailand gelang es schnell, eine intensive und fruchtbare Beziehung zu dem Belgier aufzubauen, der äußerst anspruchsvoll bei der Materialauswahl und zudem recht launisch war. Es heißt, dass Merckx sogar noch nächtens den Sattelwinkel und die Vorbaulänge kontrollierte, um die Sitzposition zu optimieren. Es gibt Filmmaterial, das ihn 1976 bei Paris–Roubaix zeigt, wie er mitten im Rennen stehenbleibt, um mit einem Inbusschlüssel die Sattelhöhe zu justieren. Das goldene Jahr dieser Zusammenarbeit war 1974, als er auf seinem orangenen De Rosa quasi alles gewann: den Giro, die Tour de France und de Suisse sowie die WM. Vor allem diese beeindruckende Serie trug zu seinem Beinamen »Kannibale« bei, denn sein Siegeswille ging über Leichen. Noch heute erinnert sich Ugo De Rosa an die unzähligen Stunden in der Werkstatt, in denen er die etwa 50 Räder präparierte, die Merckx pro Saison verschliss, teils mehrere pro Woche. In seinem Büro in Cusano Milanino steht eine Vitrine mit den Siegertrikots der drei großen Rundfahrten und dem Regenbogentrikot von 1974, die Merckx ihm vermacht hat. Das Fahrrad von 1974 hatte einen Rahmen aus Reynolds-Rohren, zu jener Zeit der wichtigste Hersteller von Aluminiumrohren. Montiert waren eine Campagnolo-Rekord mit sieben Ritzeln und Laufräder von Mavic. Die übrigen Komponenten stammen von Cinelli. Die legendäre Zusammenarbeit mit Merckx endete zunächst 1978 mit dessen Karriereende. Merckx baute fortan eigene Fahrräder, freilich mit der Unterstützung durch De Rosa, der ihm in den vielen gemeinsamen Nächten in der Werkstatt ein Freund geworden war.

◄ Sein Siegeshunger brachte Merckx den Spitznamen »Kannibale« ein. Hier sehen wir ihn in Gelb am Tourmalet bei der Tour de France 1974, der letzten Frankreichrundfahrt, die er für sich entscheiden konnte.

▼ Das Laser ist das erfolgreichste Rad im Bahnsport. 1987 bot sich Keith Haring für die Gestaltung der Laufräder an. Dieses Einzelstück ging in die Geschichte des Radsports ein, eine Replik wird heute im Museum of Modern Art in Chicago gezeigt.

Das Cinelli Laser Pista, 1980

▼ Die Laser-Baureihe umfasste ein Spektrum von Straße bis Bahn. Am innovativsten gibt sich die Bahnversion, die auf ein Sitzrohr verzichtet, wodurch der hintere Rahmen kompakter ausfällt.

▶ Das Laser besteht aus Stahlrohren mit aerodynamischen Verstärkungen und von Hand gestalteten Übergängen. Bahn- und Zeitfahrversion hatten linsenförmige Aero-Laufräder aus Carbon. 1991 erhielt das Rad den italienischen Designpreis Compasso d'Oro (Goldener Zirkel).

Die Geschichte von Cinelli ist mit der des Rohr-Herstellers Columbus der Familie Colombo verflochten, der 1978 Cinelli übernahm. Zu dieser Zeit war Cinelli der führende Hersteller von Rennrad-Komponenten. Es war Antonio Colombo, Sohn des Gründers Angelo, der fortan die Geschicke von Cinelli lenkte. Die Kernelemente der Marke, Innovation und Qualität, sollten unangetastet bleiben. Der erste große Wurf gelang mit dem Laser, dessen Prototyp von 1981 stammt. Die Laser-Serie besteht aus Columbus-Rohren und umfasst Straßen-, Bahn- und Zeitfahrräder. Gemeinsam war ihnen, dass sie dem Fahrer eine besonders aerodynamische Position ermöglichten. In aufwendigen Studien wurden die Rohrprofile und -übergänge für den geringsten Luftwiderstand optimiert. Zudem kamen die modernsten Materialien zum Einsatz, beispielsweise Carbon an den Scheibenrädern der Bahn- und Zeitfahrversion. Die Laser-Serie mit ihren grazilen, aerodynamischen Linien faszinierte auch Menschen außerhalb des Zweirad-Kosmos. So bot sich Keith Haring 1987 an, Designs für die Scheibenräder eines Laser-Bahnrades zu gestalten. Auch nach 30 Jahren ist dieses Modell mit seinem Rahmen in Azurblau-Metallic eine wahre Design-Ikone, weshalb Cinelli es auch heute noch stolz auf seiner Startseite im Internet zeigt. Ein weiteres Bahn-Laser wird im Museum of Modern Art in Chicago ausgestellt, wo es von den Rennerfolgen zeugt.

◀ Bernard Hinault und Greg Lemond überqueren gemeinsam die Ziellinie am Ende der 18. Etappe der Tour de France 1986 in Alpe d'Huez. Hinault gewann die Etappe, während Lemond das Gelbe Trikot übernahm.

Das Look KG86 von 1986

Das Fahrrad, mit dem Greg Lemond die Tour de France 1986 gewann, revolutionierte die Welt des Rennrads. Es war ausgestattet mit den ersten schnellauslösenden Klickpedalen und dem ersten Carbonrahmen überhaupt. Bernard Hinault hatte die Pedale 1985 im Team *La Vie Claire* bei verschiedenen Rennen erprobt, die Markteinführung erfolgte allerdings erst im Jahr darauf. Die Look-Klickpedale sind in Anlehnung an die Skibindungen der Firma aus Nevers konzipiert. Sie wurden ein großer Erfolg und ersetzten die alten Metallhaken und Lederriemen umgehend. Nicht weniger bedeutend war die Einführung des Carbonrahmens bei der Tour de France. Seine Rohre aus Kompositmaterial wurden von der französischen Firma TVT geliefert, die auch an der Weiterentwicklung der Räder von Lemond und Hinault mitwirkte. Die Spezialität von Look war es, die Rohre aus Kevlar und Carbon mit Aluminium-Muffen zu verbinden, was sowohl die Steifigkeit verbesserte als auch das Gewicht des Rahmens verringerte. Der Tour de France-Sieg von Greg Lemond vor seinem Teamgefährten Hinault bestätigte die Überlegenheit des Materials und sorgte für eine enorme Verbreitung des KG86 und der Look-Pedalen. Zunächst war das Rad mit einer Campagnolo C-Record-Schaltung ausgestattet, doch 1987 stieg Look auf Shimanos Dura-Ace 7400 um, ebenfalls mit 7 Ritzeln, was dem damaligen Standard entprach.

◄ **Es ist nicht übertrieben, beim Look KG86 von einem revolutionären Fahrrad zu sprechen. Der Carbonrahmen und die Look-Pedale setzten neue Maßstäbe. Letztere waren von den hauseigenen Skibindungen inspiriert.**

Titanium
Flite
MAVIC

Der Name Lotus ist eher mit der Formel 1 als mit der Welt des Radsports verbunden. Dennoch ist er in die Geschichte des Zweirads eingegangen: mit dem 108, das Chris Boardman bei den Olympischen Spielen in Barcelona 1992 fuhr. Der Engländer gewann nicht nur die Goldmedaille im Verfolgungsrennen über 4 km, sondern stellte auch einen neuen Weltrekord auf dieser Strecke auf. Das Lotus 108 mit seiner futuristischen Optik ist die Schöpfung von Mike Burrows, der nach dem Vorbild von Formel-1- und Luftfahrttechnik einen Monocoque-Rahmen entwarf. Den ersten Entwurf von 1987 hatte die UCI abgelehnt, nachdem der britische Radsportverband bereits sein Okay gegeben hatte. Nach der Aufhebung des Verbots von Monocoque-Konstruktionen nahm Burrows Kontakt zum Carbon-Spezialisten Lotus auf. Richard Hill, Leiter der Aerodynamik bei Lotus, optimierte das Fahrrad in zahlreichen Versuchsreihen im Windkanal. Rahmen und Gabel haben eine reduzierte, profilierte Form. Jedes Bauteil, selbst Pedale und Kettenglieder, sind nach optimaler Windschnittigkeit ausgewählt. Die Mavic-Räder sind Spezialanfertigungen aus Carbon. Ein Triathlon-Lenker ermöglicht eine gestreckte, aerodynamische Sitzposition. Die Lotus-Serie umfasste nur 15 Exemplare. Zustäzlich wurden acht Replikas hergestellt, die zu je 15 000 Pfund verkauft wurden. Zwei Exemplare werden heute im Firmensitz in Hethel (bei Norwich) gezeigt, das 108 von Boardman aber steht im Londoner Designmuseum.

Das Lotus 108 von Chris Boardman

◀▲ Chris Boardman beim olympischen Zeitfahren in Barcelona im Sattel seines Lotus 108. Der Brite gewann die Goldmedaille am 28.7.1992 und ging in die Annalen des Radsports ein.

◀ Eine der wenigen Replikas des 108, das die Autospezialisten von Lotus für Boardman fertigten. Der Carbonrahmen geht auf einen Entwurf von Mike Burrows zurück, entwickelt mithilfe des Aerodynamik-Spezialisten Richard Hill.

Cannondale CAD3 von Mario Cipollini

▶ Der Zielsprint in Forges-les-Eaux, mit dem Cipollini 1997 das Gelbe Trikot gewann. Der Toskaner, auch »Supermario« oder »Re Leone« genannt, trug es bis zum Schluss der sechsten Etappe.

Mario Cipollini zählt sicherlich zu den bekanntesten Persönlichkeiten aus der jüngeren Radsportgeschichte, die nicht nur im Sattel für Furore sorgten. Cipollini, auch genannt »Re Leone« (König der Löwen) oder »Supermario«, machte vor allem durch seine zahlreichen Siege auf sich aufmerksam. Zu seinen Erfolgen zählen 42 Etappensiege beim Giro d'Italia, 12 bei der Tour, drei bei der Vuelta, das Weltmeistertrikot und Mailand–San Remo 2002. Er fuhr viele Jahre im Team Saeco, das mit Cannondale-Rädern ausgerüstet war. 1997 gewann er auf seinem CAD3-Aluminiumrad zwei Etappen bei der Tour, nachdem er bereits fünf Etappensiege beim Giro d'Italia eingeheimst hatte. CAD steht für Computer Aided Design, ein Computerverfahren, das zunächst in der Luftfahrt und im Autobau eingesetzt wurde. Am CAD3 fallen zunächst die scheinbar fehlenden Schweißnähte ins Auge. Die Gabel besteht aus Carbon, geschaltet wird neunfach mit einer Shimano Dura-Ace 7700. Die auffälligen Spinergy-Laufräder aus Carbon wurden bald von der UCI verboten, da ihre messerscharfen Speichen bei Stürzen zu Verletzungen führen konnten. Der rotgelbe Sattel mit blauen Streifen und »König der Löwen«-Logo wurde eigens für Cipollini entworfen. Seit 1997 verwandte Cannondale für seine anderen Fahrräder des Akronym CAAD (Cannondale Advanced Aluminium Design), blieb für die Rennräder jedoch bei CAD. Cipollini jedenfalls flog bis 2001 auf Cannondale in seinen Sprints mit bis zu 70 km/h von Sieg zu Sieg.

GIRMI
Mercatone Uno
Wilier

Das Wilier Triestina von Marco Pantani, 1997

Einer der größten Erfolge Marco Pantanis war zweifellos sein Etappensieg von Alpe d'Huez bei der Tour de France 1997. In einer beherzten Attacke düpierte »Il Pirata« alle Kletterspezialisten, inklusive des späteren Toursiegers Jan Ullrich. Er saß dabei im Sattel eines Wilier. Die Firma in Rossano Veneto war 1952 geschlossen und Ende der 1960er-Jahre wiedereröffnet worden. Der Rahmen ist gelb, während die Gabelbeine rot und blau lackiert sind. Die Easton-Aluminium-Rohre sind äußerst leicht, mit Wandstärken bis hinab auf 0,8 mm. Die zierliche Statur Pantanis begünstigte den Leichtbau am Rad. Zudem besteht das Sattelgestell aus Titan, und die anfangs verbaute Stahlgabel wurde durch ein Modell aus Alluminium ersetzt. Die kompakten Maße ergaben ein höchst agiles Rad, was dem angriffslustigen Piloten sehr entgegenkam. Die Shimano Dura-Ace 7700 mit neun Ritzeln wog ganze 500 g weniger als ihr Vorgängermodell. Der gelbe Kevlar-Sattel stammt von Selle Italia, ebenso wie die Naben mit ihren 32 hauchdünnen Speichen. Die Look-Pedale setzen gemeinsam mit dem Lenkerband einen roten Akzent. Der Sieg in Alpe d'Huez sollte nur der Vorgeschmack auf das Folgejahr sein, in dem Pantani sowohl die Tour als auch den Giro gewann – allerdings auf Bianchi.

◀ Am 19.7.1997 startete Pantani auf der Etappe St. Etienne – Alpe d'Huez einen Angriff, der mit dem Etappensieg belohnt wurde. Zwei Tage später konnte »Il Pirata« diesen Erfolg in Morzine wiederholen.

▶ Pantanis Rad von 1997. Der Aluminium-Rohrsatz hatte besonders geringe Wandstärken.

COLNAGO
COLNA

Colnago Ferrari

Die Wege von Automobilen und Zweirädern haben sich im Laufe der Geschichte mehr als ein Mal gekreuzt, besonders in Italien. Die erste Begegnung von Ernesto Colnago und Enzo Ferrari fand 1986 statt und führte zur Vereinbarung, gemeinsam mit innovativen Materialien wie Carbon zu experimentieren. McLaren hatte dies 1981 in die Formel 1 gebracht. Doch erst im Jahr 2000 erblickte das Colnago Ferrari CFI das Licht der Welt. Trotz eines horrenden Preises wurden alle 499 Exemplare verkauft. Auch das Nachfolgemodell CF2, erschienen in einer Auflage von 999 Stück, machte intensiven Gebrauch von Carbon, nicht nur an Rahmen und Gabel. Beide Modelle entstanden zur Zeit der großen Formel-1-Erfolge von Michael Schumacher, der auch einer der ersten Besitzer des CFI war und es in sein Trainingsprogramm integrierte. Das CF3 von 2003 erschien schließlich in einer Auflage von 749 Stück, was vor allem der zeitaufwendigen Bauweise des Monocoque-Rahmens geschuldet war. Neben dem 1200 g leichten Rahmen sind noch die hauseigenen Carbon-Kurbeln zu erwähnen. Es versteht sich von selbst, dass auch fast alle anderen Komponenten, bis hin zur Nabe, aus Carbon bestehen. Die gelbe Farbgebung ist dem Stadtwappen von Modena entnommen, dem Firmensitz von Ferrari. Im Laufe der Jahre wurde die Serie auch um Mountainbikes (CF12) und Stadträder (VI-r) ergänzt.

◀ **Die Zusammenarbeit zwischen dem Mailänder Radhersteller und der Scuderia aus Maranello geht auf ein Treffen von Enrico Colnago und Enzo Ferrari Mitte der 1980er-Jahre zurück. Ein erstes Konzept-Bike entstand 1987.**

▲ **Das Colnago-Ferrari-Konzeptbike war für den Bahneinsatz gedacht. Die gerade Gabelform wurde von Technikern aus Maranello ersonnen.**

COLN
MASTER

◀ Nahaufnahme vom Antriebsstrang des Colnago Konzept von 1987 mit hauseigenen Rennschuhen. Die Übersetzung mit dem extrem kleinen Ritzel ist für einen Stundenrekord geeignet.

◄▲ Der Prototyp des CF2 aus Carbon. Zur großen Zeit Michael Schumachers erschien es in einer Auflage von 999 Stück. Schumacher trainierte häufig auf dem Colnago. Der Gebrauch von Carbon beschränkte sich nicht nur auf Rahmen und Gabel. Auch die Laufräder und viele weitere Bauteile bestehen aus dem schwarzen Gold.

▼ Der Wechsel von Rot und Schwarz findet sich auch am Cockpit des CF2. Die Schaltung stammt von Campagnolo, denn das CF2 sollte »Made in Italy« sein. Die Zusammenarbeit von Colnago und Ferrari brachte zahlreiche weitere Modelle hervor.

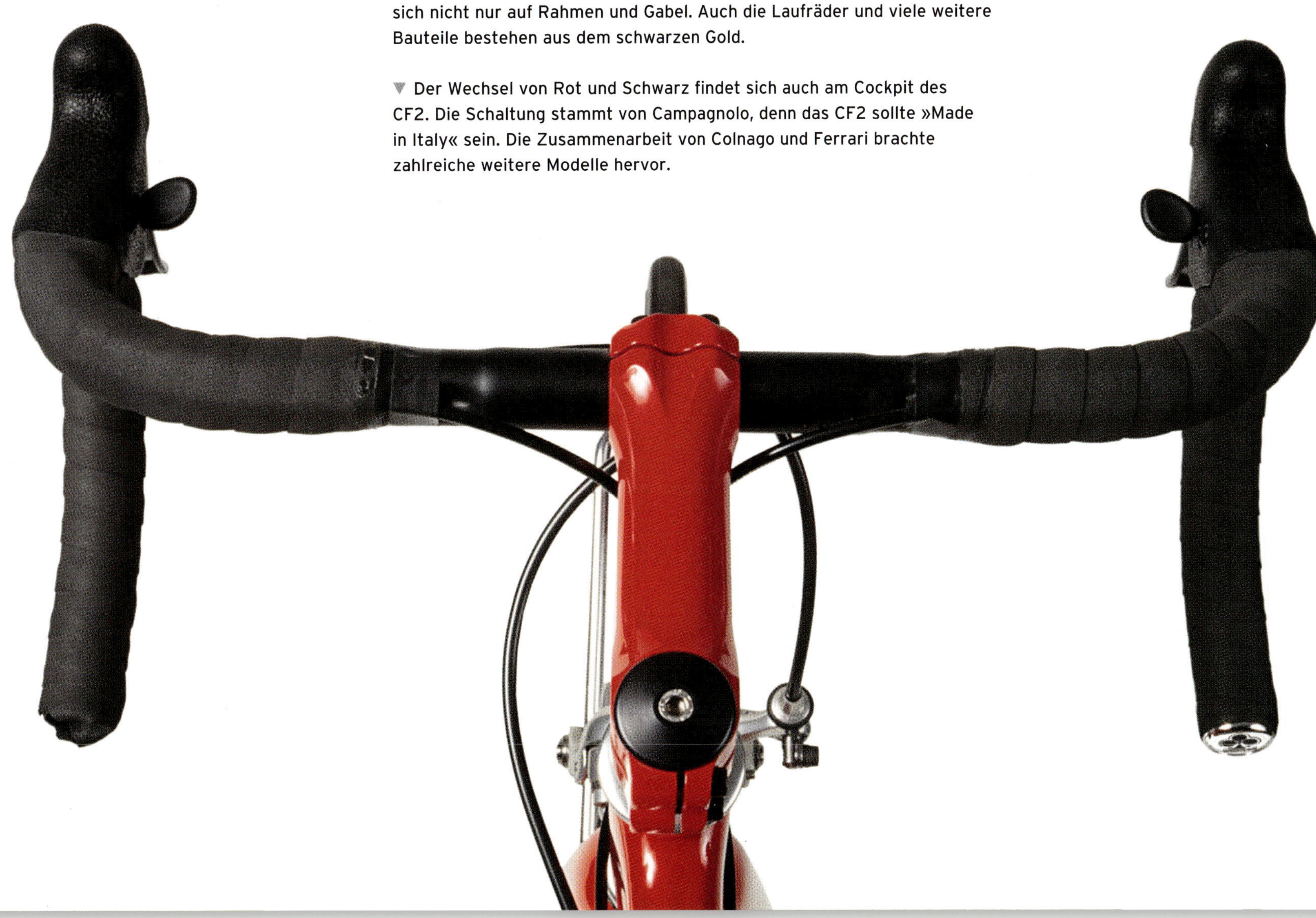

COLNAGO
CF3
COLNAGO

◀ Das CF3 von 2003 erschien in einer Auflage von nur 749 Exemplaren. Die fließenden Formen des Rahmens weisen auf die Carbon-Monocoque-Bauweise hin.

Das Cannondale Supersix Hi-Mod

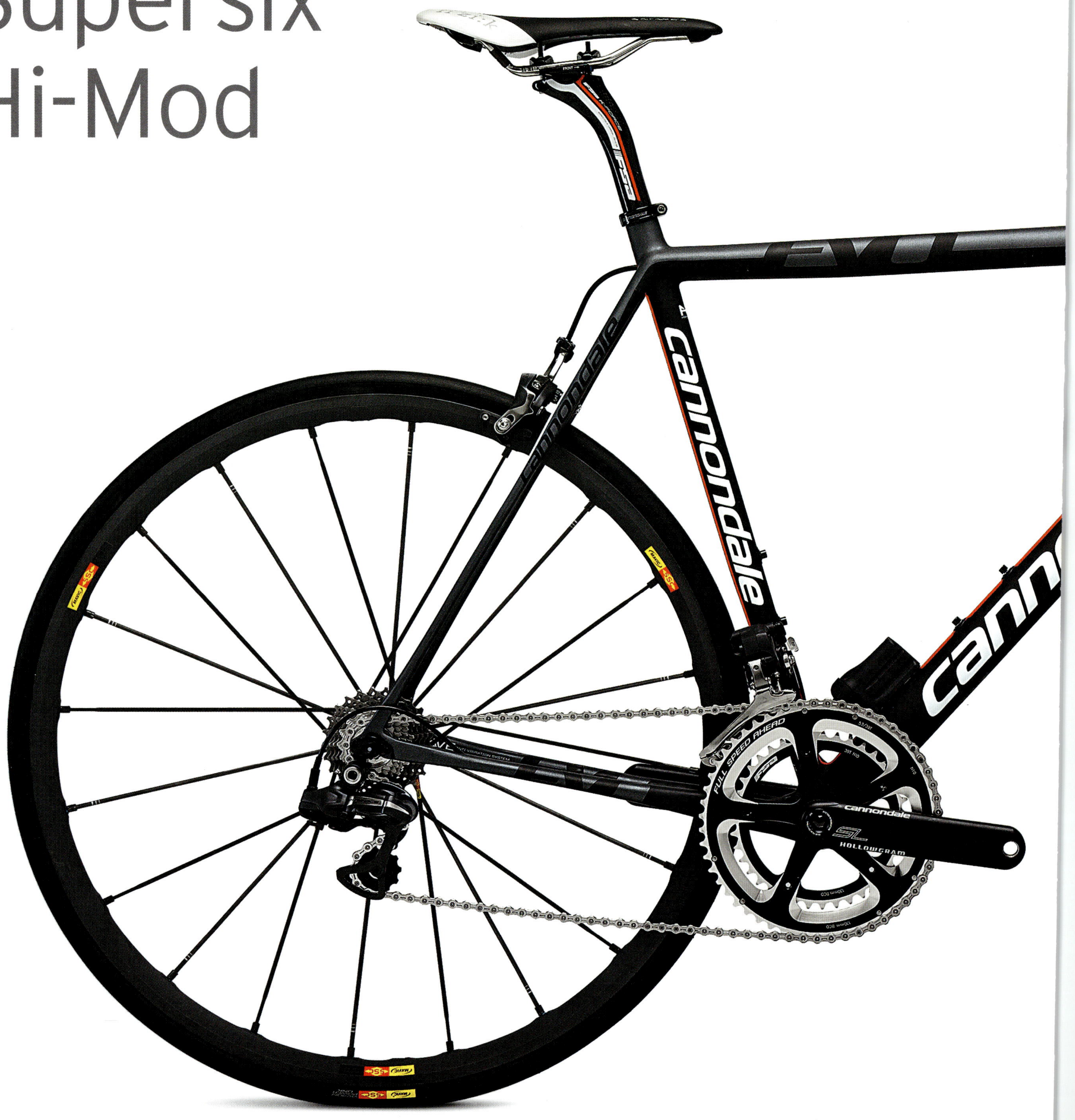

Das Cannondale Supersix Hi-Mod von 2009 war eines der ersten Fahrräder mit einer elektronischen Schaltung, der Shimano Dura-Ace Di2 7970. Das Rad wurde – aufgrund seiner exklusiven Ausstattung – zu einem hohen Preis und in sehr geringer Stückzahl angeboten. Die meisten Teile waren aus Carbon. Das gilt für den Rahmen, die Zipp-Hochprofillaufräder und die Komponenten der Firma FSA (Lenker, Vorbau, Sattelstütze). Die zentrale Innovation ist freilich die elektronische Schaltung mit ihrer 11-27 Kassette. Zwar wiegt die Di2 mit ihrer Batterie 68 g mehr, doch das wird durch die blitzschnellen, hochpräzisen Gangwechsel kompensiert. Ein weiterer Vorteil liegt in dem Automatikmodus, der ein Verschalten verhindert. Zudem funktioniert das System bei jeder Witterung reibungslos. Damit leitete Shimano die Verbreitung elektronischer Schaltsysteme ein, nachdem die französische Firma Mavic in den 1990er-Jahren bereits zwei erfolglose Versuche unternommen hatte, ein solches System zur Marktreife zu bringen. Der Lithium-Ionen-Akku hat eine Spannung von 7,4 Volt und soll 1600 bis 2000 km halten. Der Ladestand wird von einer LED angezeigt. Die Ladezeit beträgt nur eineinhalb Stunden. Die Einführung der elektronischen Schaltung war nur der jüngste Schritt in der Erfolgsgeschichte von Shimano. Die japanische Firma begann Anfang der 1970er-Jahre, Fahrradschaltungen zu bauen. Trotz der Dominanz, die Campagnolo damals auf diesem Sektor hatte, wurde Shimano schnell ein ernstzunehmender Konkurrent für die Italiener und ist vor allem im Großserienbereich mittlerweile wesentlich erfolgreicher.

◀ Das Cannondale Supersix Hi-Mod hat eine sehr ansprechende Optik, ist aber vor allem als eines der ersten elektronisch geschalteten Serienräder bedeutsam. Die Batterie sitzt etwas oberhalb des Kettenblatts.

◀ Mit Ausnahme der letzten Etappe der Tour de France 2012 fuhr Wiggins auf einem Pinarello Dogma 2, obwohl er auch das brandneue Dogma 65.1 hätte nutzen können. Er hatte sich zu sehr an das Dogma 2 gewöhnt.

Das Pinarello Dogma 2 von Bradley Wiggins, 2012

Das Team Sky, finanziert vom gleichnamigen Fernsehsender, machte bereits 2011 durch einige Etappensiege bei der Tour de France und der Spanienrundfahrt auf sich aufmerksam. Bradley Wiggins Sieg im Kriterium von Delfinato war jedoch nur ein Vorgeschmack auf den Triumph bei der Tour de France 2012. Mit Wiggins als Gesamtsieger und Froome als Zweitem hat das britische Team, das von Pinarello ausgestattet wird, die Tour dominiert. Mit Ausnahme der letzten Etappe fuhr Wiggins auf einem Dogma 2, obwohl er auch das brandneue Dogma 65.1 hätte nutzen können. Das 65.1 ist leichter, doch Wiggins wollte sich nicht auf dieses Modell verlassen, da er zuvor kaum Zeit für ausreichende Tests gehabt hatte. Die ersten Dogma-Modelle von 2000 bestanden aus Magnesium, die aktuellen sind aus Carbon. Der Hinterbau des 2013er Dogma 2 ist asymmetrisch, um die Antriebskräfte besser zu verteilen. Die auffällige Formgebung der Gabelarme und des Hinterbaus beruht auf aerodynamischen Überlegungen. Geschaltet wird elektronisch mit Shimano Di2. Wiggins bestand aus Gründen der Zuverlässigkeit auf einem 10er Ritzelpaket, obwohl 11 Ritzel möglich gewesen wären. Zudem ließ er elliptische Kettenblätter montieren, die biomechanische Vorteile versprechen. Die Shimano-Laufräder bestehen aus Carbon. Das Dogma 2 wurde sodann durch das 65.1 ersetzt, auf dem Chris Froome in der nächsten Saison die Tour gewann, und setzte damit die Erfolgsserie des Teams fort.

◀ **Das Tour de France-Gelb des Rahmens betont die geschwungenen Formen der Gabel und der Ketten- sowie Sattelstreben. Sie sollen den Luftwiderstand verringern. Der asymmetrische Hinterbau dient einer besseren Kraftverteilung.**

Specialized S-Works McLaren Tarmac

▲ Selbst die Tretkurbeln der McLaren-Edition sind leichter als in der gewöhnlichen Serie. Die Verzierungen sind im typischen McLaren-Orange gehalten, das man auch von den Rennwagen kennt.

▶ Das Foto rechts zeigt eine Detailaufnahme des Vorderrades. Die Bremsen von Roval bestehen aus Carbon und wiegen 150 g. 250 Exemplare des McLaren wurden gebaut.

Die Zusammenarbeit von Specialized mit der Highend-Autoschmiede hat ein wirklich außergewöhnliches Fahrrad hervorgebracht: das Specialized McLaren Tarmac. Im Jahr 2014 wurden davon 250 Stück zum Stückpreis von 20000 Euro verkauft. Die Käufer wurden unter den Interessenten ausgewählt, die bereits eine Anzahlung von 5000 Euro geleistet hatten. Sie erhielten neben dem Rad auch Helm und Schuhe im berühmten McLaren-Orange. Diese Farbe geht auf die neuseeländische »Nationalfarbe« zurück, in der die Formel 1-Autos der 1960er-Jahre lackiert waren. Die Idee der Kooperation war es, die Grenzen des technisch Machbaren auszuloten. Der Rahmen wurde in der Fabrik in Woking hergestellt, wo McLaren auch seinen P1 fertigen lässt, der für 1 Million Euro erhältlich ist. Auf der Suche nach Perfektion wurde jedes Detail analysiert und im Windkanal optimiert. So wurden Rahmen und Gabel um 9 bzw. 11 % leichter. Die Zahl der Verbesserungen gegenüber der Serie ist riesig, beispielsweise bei Carbon-Kurbel und -Lenker. Zudem wird das Endprodukt perfekt auf den Käufer abgestimmt. Die Roval-Laufräder wiegen nur 1150 g. Die 30 g Gewichtsersparnis gegenüber der Serie erklären sich durch die Reduktion der Speichenzahl von 18 auf 16 vorn und 24 auf 21 hinten. Für Trainingszwecke wird ein zweiter Laufradsatz mitgeliefert. Die elektronische Shimano Dura-Ace Di2 hat eine 11-28er Kassette. Jedes einzelne Exemplar trägt eine Seriennummer und wird mit Echtheitszertifikat ausgeliefert.

rova

roval

◀ Die McLaren-Version des Specialized Tarmac entsteht in Woking, dem Firmensitz des Rennteams. Links zu sehen ist das M12C Coupé, während rechts eines der ersten McLaren-Rennautos steht.

◄ Vincenzo Nibali, der Gewinner der Tour de France 2014, im Gelben Trikot. Hier fährt er ein Rad in Schwarz-Gelb, das speziell für die Schlussetappe gestaltet wurde, um den Sieg des »Squalo dello Stretto« würdig zu feiern.

▼ Der 2014er Rahmen ist nochmals leichter als sein Vorgänger. Die Aufkleber mit den Flossen, Augen und Zähnen eines Hais machen das S-Works des sizilianischen Champions unverwechselbar.

Das Specialized S-Works Tarmac von Vincenzo Nibali, 2014

Vincenzo Nibali, der Gewinner der Tour de France 2014, trägt den Beinamen »Hai von der Meerenge« (lo squalo dello Stretto). Kein Wunder, dass auf dem Rahmen seines S-Works Tarmac des Bild eines Hais prangt, zusammen mit einem Dreizack, der an seinen Sieg bei Tirreno-Adriatico 2013 erinnert. Sein 2014er »Rider First Engineered«-Rahmen ist leichter und steifer als der der älteren Serie SL4. Die blaue Lackerung weist Metallpartikel auf, die in der Sonne glänzen. Nibali fährt einen Carbonrahmen in der Größe von 56 cm. Auch die hauseigenen Tretkurbeln bestehen aus Carbon. Montiert sind zudem Look Blade-2-Pedale mit speziell gehärteten Titanachsen. Die im März 2014 präsentierte Campagnolo Super Record 11 sorgt für die Gangwechsel. Nibali wählte die mechanische statt der elektronischen Version. Der Carbonlenker kommt aus dem Hause FSA und nennt sich SL-K. Der Vorbau wiederum besteht aus Aluminium. Die Viva-S-Laufräder von Corima haben 32 mm hohe Carbonflanken und wiegen nur 1190 g – ohne die Specialized-Reifen. Auch die speziellen, roten Bremsschuhe sind von Corima. Wie viele Rennfahrer vertraut auch der Sizilianer auf einen SRM-Computer, der unter anderem die exakte Tretleistung in Watt angibt. Für ein optimales Sitzgefühl sorgt ein Antares-Sattel von Fizik mit Carbonstreben.

Handgemachte

Fahrräder

Handgefertigt, mit Leidenschaft

Die Handschrift eines Künstlers ist unverkennbar. In einem handgefertigten Fahrrad stecken viele Stunden der Entwicklung und Planung, aber auch an sorgfältiger Feinarbeit, besonders bei den Details.

Neben wenigen Einheitsmodellen ähneln sich Fahrräder, auch wenn sie auf einem gemeinsamen Rahmen aufbauen, kaum noch, wenn sie nach speziellen Kundenwünschen gefertigt werden. Diesem Konzept wird die italienische Schmiede Sartoria Cicli besonders gerecht, die (wie ihr Name – Schneiderei – bereits verrät) das Fahrrad so konfiguriert, als sei es ein edles Kleidungsstück. So findet sich im Katalog der Mailänder Firma auch eine Serie namens Vestita (»angezogen«), bei der die Rohre des Rahmens von einem speziellen Gewebe überzogen sind. Überhaupt scheint die Handwerkskunst keine Grenzen zu kennen: Beim Veloboo des Ungarn Szalay, das auf einem Bambusrahmen basiert, sind sämtliche Metallteile vergoldet. Hier wird wahrscheinlich bereits die Grenze zum Schmuckstück überschritten, denn vermutlich benutzt keiner der gerade einmal 30 Käufer sein Veloboo noch zum Trainieren oder Radwandern. Andere Modelle sind dagegen authentisch und ohne Einschränkungen zu benutzen, wie die Fahrräder mit Holzrahmen, die der Holländer Gunneweg baut. Sie sind zudem Symbol eines nachhaltigen Lebensstils. In seinem Ursprungsland finden diese Räder sogar im strapaziösen Bike-Sharing Verwendung. Damit ist das Holzfahrrad mehr als ein reines Konzept-Bike, denn es ist bezahlbar und alltagstauglich. Ganz anders dagegen präsentiert sich das B-9 Nighthawk aus der Tschechischen Republik. Es ist stark von einem Jagdflieger inspiriert, dem F-117, der vom Radar nicht geortet werden kann.

Ein guter Handwerker setzt auch komplexe Kundenideen um. Häufig wird der Wunsch geäußert, klassische Fahrradtypen nachzubauen – mit modernsten Materialien und Komponenten. So sieht man in Italien wieder häufiger Lieferräder, wie sie früher von Bäckergesellen verwendet wurden. Und auch Dreiräder mit vorn montiertem Kasten, wie sie die Altmetallsammler verwendeten, kann man sich rekonstruieren lassen. Auch Fans des Rennsports und der Hightech-Räder können verrückte Ideen realisieren, vor allem wenn sie über das nötige Kleingeld verfügen, sich ein Rad nach Maß bauen zu lassen. So zeugt die Schönheit der »Machine for Riding«, die wir auf den folgenden Seiten präsentieren, von der Hingabe der Konstrukteure an individuelle Fahrräder. Diese Fahrrad-Manufakturen werden, darauf wetten wir, auch weitere Technologiesprünge unbeschadet überleben. Die Tatsache, dass sie in der Lage sind, auch exklusive Sonderwünsche zu erfüllen, garantiert ihnen eine sichere Zukunft.

Jan Gunneweg ist ein junger Designer aus dem niederländischen Alkmaar, der sich auf Naturwerkstoffe spezialisiert hat. 2012 gründete er eine Firma, die Fahrräder aus Holz herstellt, für das er eine große Vorliebe hat. Das Bough Bike ist eines seiner jüngsten Produkte, es verkauft sich sogar bis in die USA. In den Niederlanden (wo es hergestellt wird) ist es sehr populär, da es dort Bestandteil einiger Bike-Sharing-Programme ist. Um dem Umweltschutz gerecht zu werden, wird es aus Eichenholz hergestellt, das aus nachhaltiger Forstwirtschaft im französischen Jura stammt. Der Rahmen hat ein modernes und funktionales Design, mit einem integrierten Frontgepäckträger und hölzernen Schutzblechen. Der Zahnriemenantrieb ist mit einer Zweifach-Automatik-Schaltung von SRAM verbunden. Serienmäßig ist ein praktischer Heckständer für leichtes Parken in sämtlichen Situationen inner- und außerhalb der städtischen Zentren montiert. Die Laufräder haben einen Durchmesser von 28 Zoll mit langlebigen Schwalbe-Reifen, deren Farbe man der des Holzes angleichen kann. Der Preis verträgt sich nicht mit jedem Geldbeutel (in den USA kostet es 2000 Dollar), doch ist zu bedenken, wie viel Handwerkskunst im Bough Bike steckt. Jan Gunneweg meint, dass seine Kunden damit ihren Respekt gegenüber der Umwelt zum Ausdruck bringen können. Die Produktpalette seiner Firma umfasst, neben den Boughs für die Stadt, auch ein Modell namens Race Fiets, das Houten Fiets genannte Zwischenmodell und sogar Sonnenbrillen mit hölzernem Gestell. Gunnewegs markantestes Produkt ist aber das Human Bike, ein Fahrrad mit traditionellem Rahmen und hölzernen Laufrädern, die auf einen Teil der Speichen verzichten.

Das Bough Bike von Jan Gunneweg

◀ Sein Holzrahmen ist das Markenzeichen des Bough Bike, das im Hinblick auf ökologische Nachhaltigkeit entworfen wurde. Nur einige unverzichtbare Bauteile bestehen aus Metall oder anderen Materialien.

Das B-9 NH Black Edition von BME Design

▼▶ Komplett in schwarz, mit Ausnahme der Bremsscheiben: Das B-9 Nighthawk will an den gleichnamigen Düsenjäger F-117 von Lockheed erinnern. Die kantige Form des Fliegers findet sich auch am Rahmen, an der Gabel und am Heck.

▶▶ Das B-9 NH von BME in der Seitenansicht. Es strahlt Exklusivität, Leidenschaft und Eleganz aus. Die Produktionsmenge ist auf 100 Stück begrenzt.

Die Inspirationsquelle für das pechschwarze B-9 von BME Design ist der für den Radar unsichtbare »Tarnkappen«-Düsenjäger F-117 von Lockheed. Die Farbe und auch die kantige Rahmenform erinnern an den F-117. Das B-9 ist komplett handgefertigt, sein Rahmen aus Kohlefaser besteht ebenso aus einem Stück wie der Lenker. Auch Gabel und Sattel sind aus Carbon. Letzterer wurde auf Grundlage des bewährten BME S72 entwickelt. Auch die Kurbeln wurden eigens entwickelt, um sich ins Gesamtbild des B-9 harmonisch einzufügen. Jedes einzelne Modell der Firma wird bis ins Kleinste durchdacht, was in einer einzigartigen, schlüssigen Optik resultiert. Das gilt auch für den Antrieb mittels

Zahnriemen, der das vordere Kettenblatt mit dem hinteren Ritzel verbindet. Die Hochprofil-Laufräder und die Scheibenbremsen sind einige der wenigen Bauteile aus Metall. BME Design hat seinen Sitz in Bratislava (Slowakei) und unterzieht seine Fahrräder strengsten Materialprüfungen. Die Firma hat sich einen Namen gemacht bei der Erforschung innovativer Materialien. Vom B-9 existiert eine Variante, X-9 genannt, deren Rahmen aus Aramid-Waben (honeycomb) besteht, überzogen von einer Schicht aus Carbon. An einem anderen Serienmodell von BME werden Bambusfasern so verarbeitet, als seien sie aus Carbon.

Das Jake's Town von Rusby Cycles

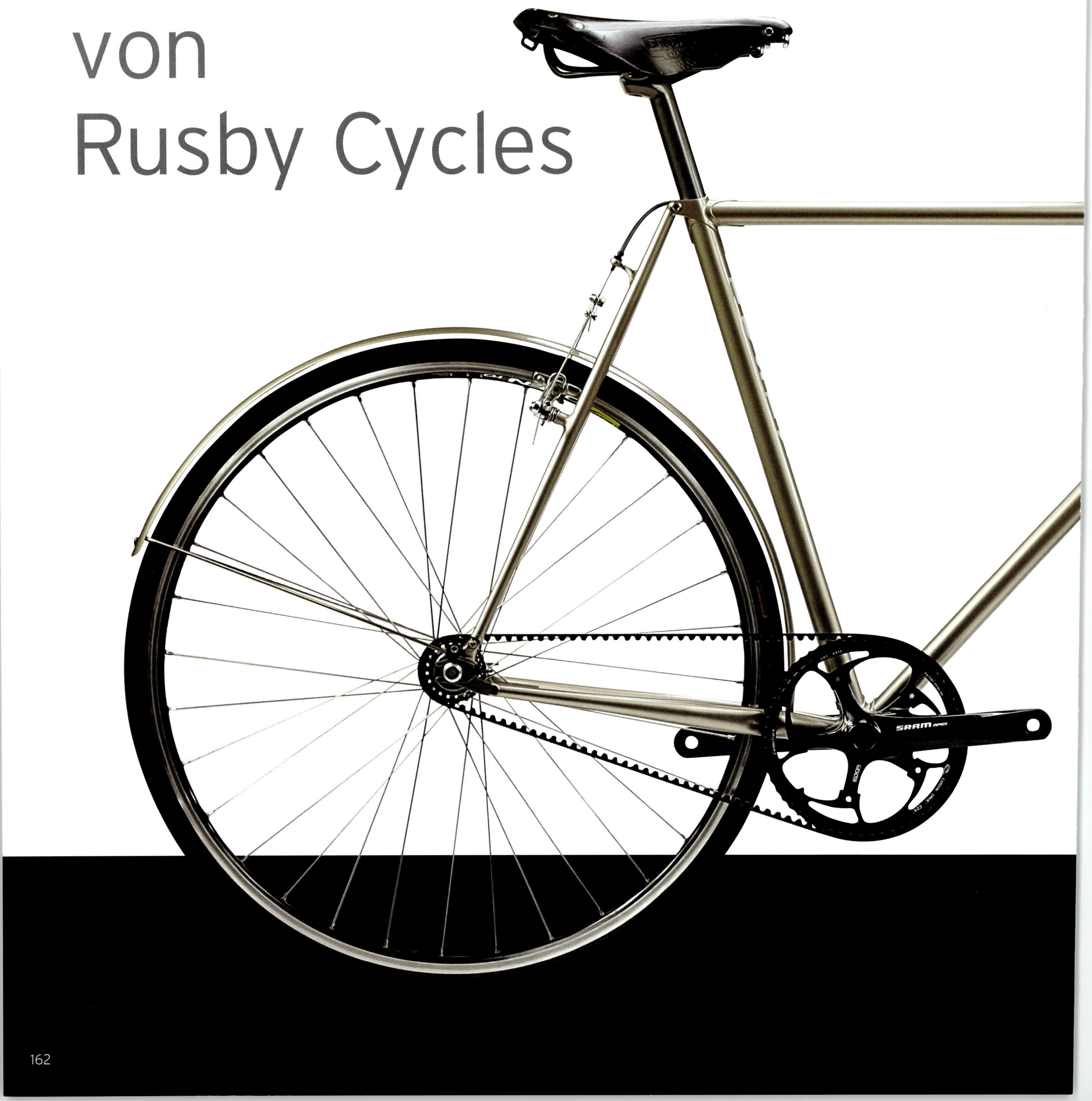

Jake Rusby gehört mit seiner in London ansässigen Firma Rusby Cycles zu den bekanntesten Herstellern von Rädern nach Maß in Großbritannien. Wie er mit Stolz erklärt, betrachtet er jedes Rad als »Baby« seiner Zusammenarbeit mit dem Kunden, gestaltet nach dessen Bedürfnissen und physischen Erfordernissen. Sämtliche Rahmen sind aus Reynolds-Stahl handgefertigt und werden vor der Endmontage mit größter Sorgfalt ebenfalls von Hand lackiert, um die gewählte Farbe bestmöglich zur Geltung zu bringen. Auch die Schriftzüge können mittels spezieller Vinylaufkleber personalisiert werden. Das Jake's Town hat Rusby für den Stadtverkehr ersonnen. Für diesen Zweck ist es agil und zugleich relativ komfortabel, um auf ruppigem Untergrund oder Schlaglöchern gut fahrbar zu bleiben. Das Design mit den innenverlegten Kabeln ist ausgeklügelt und minimalistisch zugleich und verleiht dem Fahrrad eine aufgeräumte Optik. Der Lenker ist sportlich, aber kein traditioneller Rennbügel. Der Sattel bietet noch ein ordentliches Maß an Komfort, da er noch nicht auf das Minimum abgespeckt ist. Im Hinblick auf die Wetterbedingungen in der britischen Hauptstadt sind Schutzbleche unverzichtbar. Rusby ist es jedoch gelungen, sie unauffällig in das Gesamtbild zu integrieren. Der Antrieb geschieht wartungsarm über einen Zahnriemen. Im Zuge dessen wird auf eine Gangschaltung verzichtet, was dem Einsatzbereich des Jake's Town entgegenkommt. Die Laufräder schließlich stammen von Mavic, einer bekannten Größe auf diesem Gebiet.

◀ **Der Name deutet es an: Das Jake's Town ist auf Stadtverkehr ausgelegt, wie auch die Einfachübersetzung und der Komfortsattel nahelegen. Der Rahmen wird liebevoll aus Reynolds-Stahlrohren zusammengesetzt.**

▼ Der Lenker hat eine sportliche Kröpfung, ist aber kein typischer Rennlenker. Seine Form unterstreicht den Minimalismus dieses Fahrrads, ebenso wie die verborgenen Kabel, die im Rahmeninneren verlaufen.

▶ Die Aufnahme von der Gabelkrone zeugt von der Feinheit der Rahmenrohre und der Sorgfalt, mit der die Übergänge gestaltet sind. Als Zugeständnis an das britische Wetter ist das Fahrrad mit schmalen Schutzblechen ausgestattet.

▶▼ Die Abbildung zeigt den Zahnriemen aus Carbon, der den konventionellen Kettenantrieb wegen des geringen Wartungsaufwandes ersetzt. Die Speichenräder stammen von der Firma Mavic.

CARBON DRIVE

Das Veloboo von Antal Szalay

◄ Das Veloboo ist mehr ein Wertobjekt als ein funktionales Fahrrad. Fast alle seine Metallteile sind 24 Karat vergoldet, was ihm unbeschreiblichen Glanz verleiht, aber auch für seinen hohen Preis sorgt.

▲ Die Raffinesse der Materialien und die Sorgfalt enden nicht bei den vergoldeten Teilen des Veloboo. Auch die handgenähten Ledergriffe sind sehr edel. Das gleiche Leder findet am Sattel und den Pedalriemen Verwendung.

▼ Das Detailfoto der vorderen Bremse zeigt, dass die Goldfolie eingesetzt wurde, wann immer es möglich war. Auch der Hinterbau und die Laufräder machen keine Ausnahme. Einzig die Felgenflanken und die Bremsschuhe sind nicht vergoldet.

▼▶ Natürlich sind auch die Zangen der vorderen Bremse vergoldet. Laut dem Entwickler des Veloboo, dem Ungarn Antal Szalay, ist jedes der kostbaren Bauteile darauf ausgelegt, dem Wetter und anderem Ungemach zu trotzen.

Das komplett handgefertigte Veloboo ist ein Fahrrad für einen exklusiven Käuferkreis. Gerade einmal 30 Exemplare wurden unter Anleitung des ungarischen Designers Antal Szalay gebaut. Der Name deutet an, dass der Rahmen aus Bambus besteht, doch ist dies nicht das Hauptmerkmal des Veloboo: Fast alle Metallteile sind mit 24 Karat vergoldet. Eine Ausnahme bilden lediglich Schaltung, Pedale, Bremsschuhe, Speichen und Sattelstreben. Selbst die Kurbeln sind goldbeschichtet. Nicht jeder kann sich solchen Luxus leisten: Das Veloboo wird für 42 000 Euro angeboten, was der aufwendigen Verarbeitung geschuldet ist, die auch härtestem Einsatz trotzen soll. Natürlich ist auch das Typenschild mit der Seriennummer aus Gold. Die Bambusrohre sind so geformt, dass der Rahmen eine große Torsionssteifigkeit erreicht. Trotz allen Aufwands bleibt das Gewicht unter 10 kg. Die Schaltgruppe mit 10 Gängen trägt den bekannten Namen Campagnolo. Für den Sattel und die Griffe wurde erlesenes Leder ausgewählt und handvernäht, was insgesamt zum opulenten Eindruck des Fahrrads beiträgt, das aber tatsächlich fahrbereit ist. Die traditionelle Lenkerform unterstreicht den möglichen Einsatz als Reiserad – vorausgesetzt, dass der stolze Besitzer keinen Überfall fürchtet. Ich an seiner Stelle würde mich jedenfalls schon vor einer nassen Straße fürchten – oder einem ordentlichen Unwetter, obwohl Szalay versichert, dass das weder für das Holz noch für das Gold ein Problem wäre.

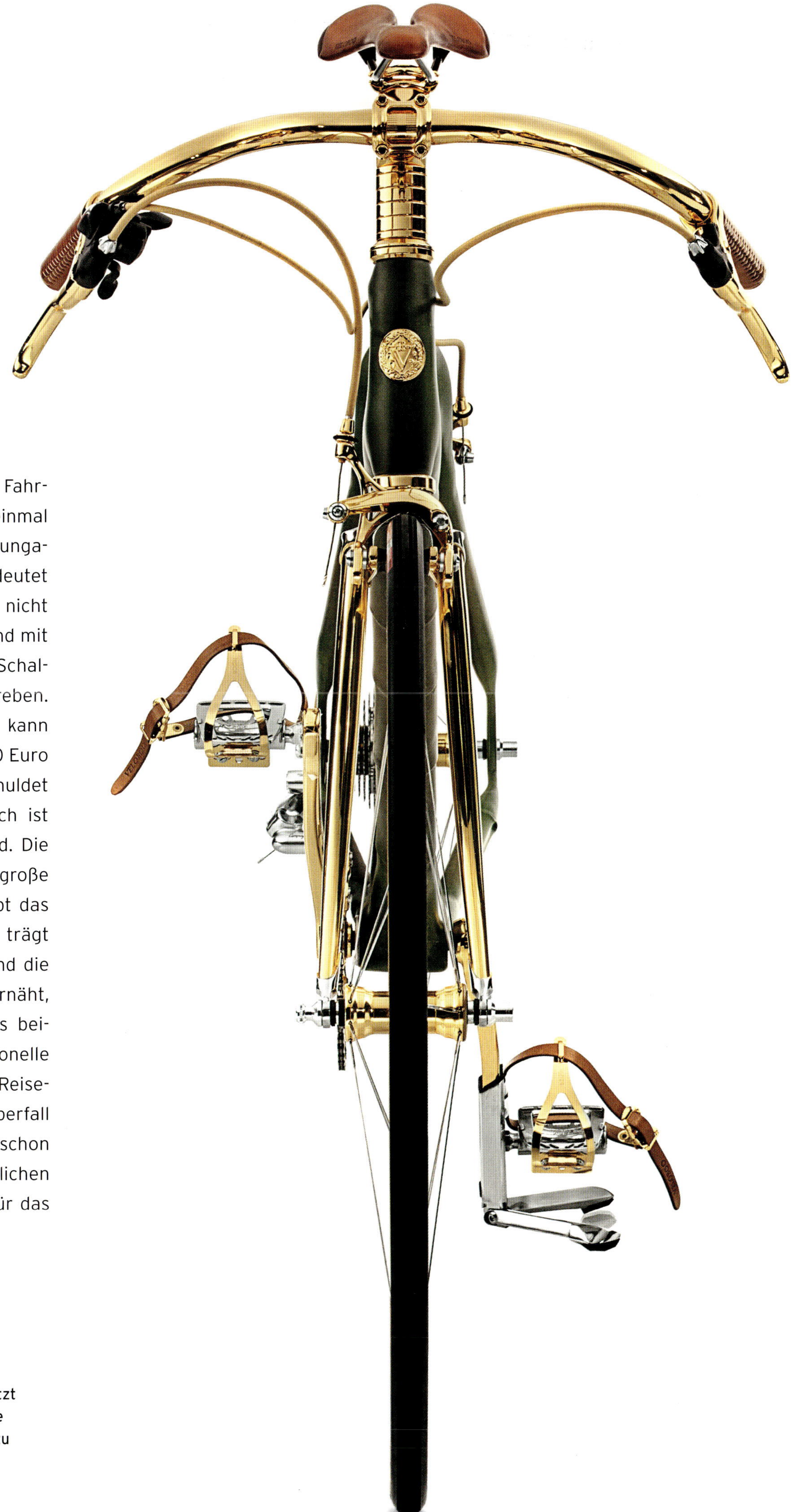

▶ **Egal, aus welchem Winkel man es betrachtet: Das Veloboo besitzt eine ganz eigene Ausstrahlung. Jedes der 30 in limitierter Auflage gefertigten Exemplare hat ein individuelles Typenschild. Unnötig zu sagen, dass auch dies golden ist.**

▲ Das Firmenzeichen von Vuelo Velo findet sich auch am Copenhagen. Die Firma hat ihren Sitz im australischen Sydney und wurde von Martin Renwick gegründet, einem ehemaligen Straßenprofi, der immer auf der Suche nach Leichtbaumöglichkeiten ist.

▶ Die geschwungenen Titanrohre des Rahmens des Copenhagen sind besonders charakteristisch für die australische Marke. Das Rahmengewicht liegt unter 1300 Gramm, was dem Rad besondere Agilität verleiht.

Das Vuelo Velo Copenhagen

Race
ø160mm

Vuelo Velo ist eine australische Firma mit Sitz in Sydney. Ihr Guru und Chef-Entwickler ist Martin Renwick, ein Ex-Radprofi, der auf Konventionen pfeift und stets auf der Suche nach dem geringsten Gewicht ist. Das Vuelo 8, die Straßenmaschine der Marke, wiegt dank eines 1095 g leichten Titanrahmens insgesamt nur 6,3 kg. Auch das für den Alltag entworfene Copenhagen ist sehr interessant. Bevor es in Serie ging, wurde es bereits auf Messen in Amerika gefeiert. Die Kreationen von Renwick sollen Emotionen transportieren. Deshalb hat das Rad einen Titanrahmen mit Kurven, die bewundert werden wollen. Die Schwünge sollen die Seitensteifigkeit optimieren. Dennoch bleibt das Rahmengewicht unter 1300 g und das Copenhagen damit eines der leichtesten Räder. Zu den weiteren Besonderheiten zählen die doppelten Kettenstreben für größtmögliche Steifigkeit am Heck. Auch die Gabel weist doppelte Rohre von unterschiedlicher Länge auf. Die Räder aus Carbonfaser von der Firma Schwarzbrenner kommen ebenso aus Deutschland wie die Rohloff Speedhub und die Vorderradnabe von Tune. Ein Zahnriemen von Gates sorgt für die Kraftübertragung von den Pedalen ans Hinterrad. Die Gangschaltung funktioniert über einen Drehgriff. Laut Rohloff liegt die Übersetzungsbandbreite bei 526 %. Vervollständigt wird die Ausstattungsliste von Hope-Scheibenbremsen und einem Carbonlenker von Tune.

▲ **Die doppelten Kettenstreben sollen maximale Seitensteifigkeit bei minimalem Gewicht garantieren.**

◀ **Nahaufnahme der vorderen Scheibenbremse. Die Gabel hat eine einzigartige Form. Ihre doppelten Arme aus Titan sind bis weit nach oben an den Lenker gezogen.**

CY
HI

▲ Tretlager und Antrieb für den Zahnriemen von Gates. Ein schönes Detail ist der Austritt der Schaltzüge für die Vierzehngang-Nabe von Rohloff im Hinterrad.

Das Forbice d'Oro der Sartoria Cicli

◄ Eleganz und Traditionsbewusstsein verbinden sich in den Rädern der Serie Forbice d'Oro, die ganz genau nach den Wünschen und Bedürfnissen der Kunden gebaut werden. Für die Firmeninhaber ist jedes Fahrrad wie ein Maßanzug.

▲ Wie man sieht, mangelt es bei Sartoria Cicli auch bei der Auswahl der Komponenten nicht an Sorgfalt. Die Firma beherrscht verschiedene Bearbeitungstechniken, von der Verchromung bis hin zur Vergoldung. So können alte Komponenten wieder aufbereitet werden.

Ein Fahrrad wie ein Maßanzug. Das ist die Philosophie der Sartoria Cicli (»Schneiderei für Fahrräder«), eine Manufaktur mit Sitz in Mailand, deren Logo aus einer Schere und zwei Rädern besteht. Wie in einer traditionellen Schneiderei werden zuerst die Maße des Kunden genommen. Im zweiten Schritt geht es darum, das Fahrrad entsprechend den Wünschen des Kunden zu gestalten. Durchschnittlich drei Monate vergehen bis zum fertigen Produkt, auch wegen der extremen Sorgfalt bei der Wahl der Komponenten, aber auch des Rahmentyps und -materials. Für das bestmögliche Ergebnis verwendet die Sartoria Cicli sowohl klassische Komponenten, als natürlich auch das neueste Material. Die Angebotspalette ist breit und umfasst Touren-, Renn- und Bahnräder, auch im Stil vergangener Zeiten. Highlight ist die Serie Forbici d'Oro, die laut der Sartoria Cicli ein Maximum an Qualität und Individualität bietet, wenn man von Profi-Rennmaschinen absieht. Bei den Komponenten verlässt man sich auf solche aus den 1960er- und 1970er-Jahren, die aufgearbeitet werden. Gruppen von Campagnolo, Lenker von Cinelli oder 3T stehen zur Wahl, die nach Wunsch veredelt (vom Verchromen bis hin zum Vergolden) oder beschriftet werden. Ziel ist es, Luxus und Qualität auf ideale Weise zu verbinden. Die Serie umfasst zwei Modelle, das SC001 für die Bahn und das SC002 für die Straße. Das Angebot umfasst weitere Baureihen, alle von klassischer Bauart. So erhält der Kunde tatsächlich ein Maßrad, nicht bloß einen Rahmen nach Maß. Das Vestita sticht besonders ins Auge, denn bei diesem Modell wird der Rahmen mit einem beliebigen Stoff umhüllt, von Baumwolle bis Kaschmir. Zwei Stoffmuster werden angeboten: Prince of Wales oder schottischer Tartan.

Das Porteur von Ultracicli

Seit den Zeiten von Edoardo Bianchi ist Mailand die Wiege begnadeter Radbauer, von denen einige es zu wahren Industriekapitänen gebracht haben. Die Geschichte von Ultracicli beginnt damit, dass sich zwei Fahrradliebhaber gleichen Namens begegnen. Marco Donati und Marco Martelli sind echte Profis, der eine in der Kommunikation, der andere in der Entwicklung. Nachdem sie 2011 ihre ersten gemeinsamen Entwürfe in Pietrasanta verkauft hatten, eröffneten sie bald ihre Manufaktur in der lombardischen Hauptstadt. Ihr Erfolgsrezept: Unikate oder Kleinstserien liebevoll zusammenzustellen, die auf der Höhe der Zeit sind, aber Anklänge an gestern erkennen lassen. Dabei sollen Anleihen aus der Welt des Designs genommen werden, ohne jedoch den Preis ins Grenzenlose zu treiben. Ihr Slogan »Moderne Räder, von Hand erdacht« trifft auf all ihre Modelle zu, die stets auf den Kunden zugeschnitten sind. Einem bekannten Hersteller von Waffen schlugen sie beispielsweise das Doublet vor, bei dem das doppelte Oberrohr an den Zwillingslauf eines Gewehrs erinnert. Alle Modelle sind mehr oder weniger sportlich, wobei echte Rennräder der Serie Speciali entspringen. Zur Baureihe Ultracicli gehört das originelle Porteur mit zwei Gepäckträgern in der Tradition alter Bäckerfahrräder. Der Aufbau ist einfach, der Rahmen in schlichtem Weiß gehalten. Der traditionelle Sattel hat die Farbe der Griffe und der Reifen. Um die 1500 Euro kostet ein solches Fahrrad.

▲ Das Modell Porteur greift die Form der Transporträder auf, die die Bäcker und ihre Gesellen zum Ausfahren ihrer Ware noch in den 1960er-Jahren benutzten. Dank der Verwendung von Columbus-Stahlrohren wiegen sie deutlich weniger als ihre Vorgänger.

Das Magnifica von Italia Veloce

◀ Das Modell Magnifica ist das Aushängeschild der Firma aus Parma. Der Rahmen ist in Schwarz, Bronze (wie beim abgebildeten Modell) oder Schneeweiß erhältlich. Der elegante Stil wird nicht durch störende Kabelstränge beeinträchtigt.

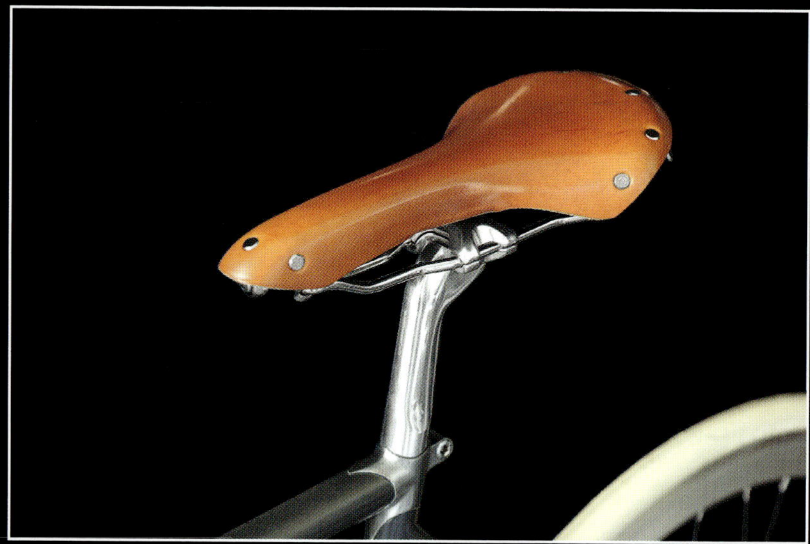

◄▲ Der Sattel des Magnifica ist ein honigfarbener Brooks, aber natürlich ist auch dieses Detail veränderbar. Wichtig ist nur, dass die Komponenten mit dem Rest des Fahrrades harmonieren.

▲+◄ Charakteristisch für Italia Veloce ist das doppelte Blech an der Gabelkrone. Die Rahmen bestehen aus von Hand gezogenen Columbus-Stahlrohren. Die Hinterradbremse funktioniert über Rücktritt.

Unter dem Firmenschild der in Parma ansässigen Schmiede prangt stolz die Erläuterung: »Italienische Werkstatt für kostbare Fahrräder«. Der Firmenname (dt.: Geschwindigkeit) erinnert an die Epoche, in der schnelle Fortbewegung gleichbedeutend war mit Modernität und Fortschritt. Italia Veloce offeriert drei Modelle mit ebenso suggestiven Namen: Ribelle (rebellisch), Audace (mutig) und Magnifica (prächtig). Sie werden nach Kundenwunsch hergestellt, nummeriert, mit einem Typenschild versehen und mit einem Büchlein ausgeliefert, das die technischen Daten enthält. Die Stahlrahmen werden sorgfältig von Hand gearbeitet, sodass jeder einzelne ein unverwechselbares Einzelstück ist. Die drei Modelle unterscheiden sich deutlich. Das Ribelle hat ein rostiges Oberflächenfinish für einen echten Oldtimer-Look. Aus Kordel gewickelte Griffe und ein altmodischer Sattel runden das Gesamtbild ab. Das Audace mit seinem schwarzen Rahmen und weißen Reifen verfügt über einen tiefen Lenker im Stil der ersten Rennräder, obwohl es ein Tourenrad mit einer Tasche ist. Das Magnifica mit seinem bronzefarbenen Rahmen aus Columbus-Stahlrohr, der zudem schwarze und gelbe Tupfer aufweist, ist das bei Weitem edelste Modell von Italia Veloce. Der V-förmige Lenker ist einzigartig und wurde auf den Namen »Freccia Mono« getauft. Eine weitere Besonderheit ist die Vordergabel mit doppelter Brücke. Der Sattel ist – wie sollte es anders sein? – ein honigfarbener Brooks. Auch die Rücktritt-Hinterradnabe zeichnet das Magnifica aus. Zur klaren Optik tragen auch die fehlenden Schalt- und Bremskabel bei. Natürlich lässt sich das Rad noch weiter auf persönliche Vorlieben des jeweiligen Kunden anpassen.

◄ Ein weiteres spezielles Detail am Magnifica ist der V-förmige Lenker namens Freccia Mono. Er weist weder Griffe noch Bremshebel auf, was den minimalistischen Stil des Fahrrads unterstreicht.

Die Machine For Riding von Vandeyk

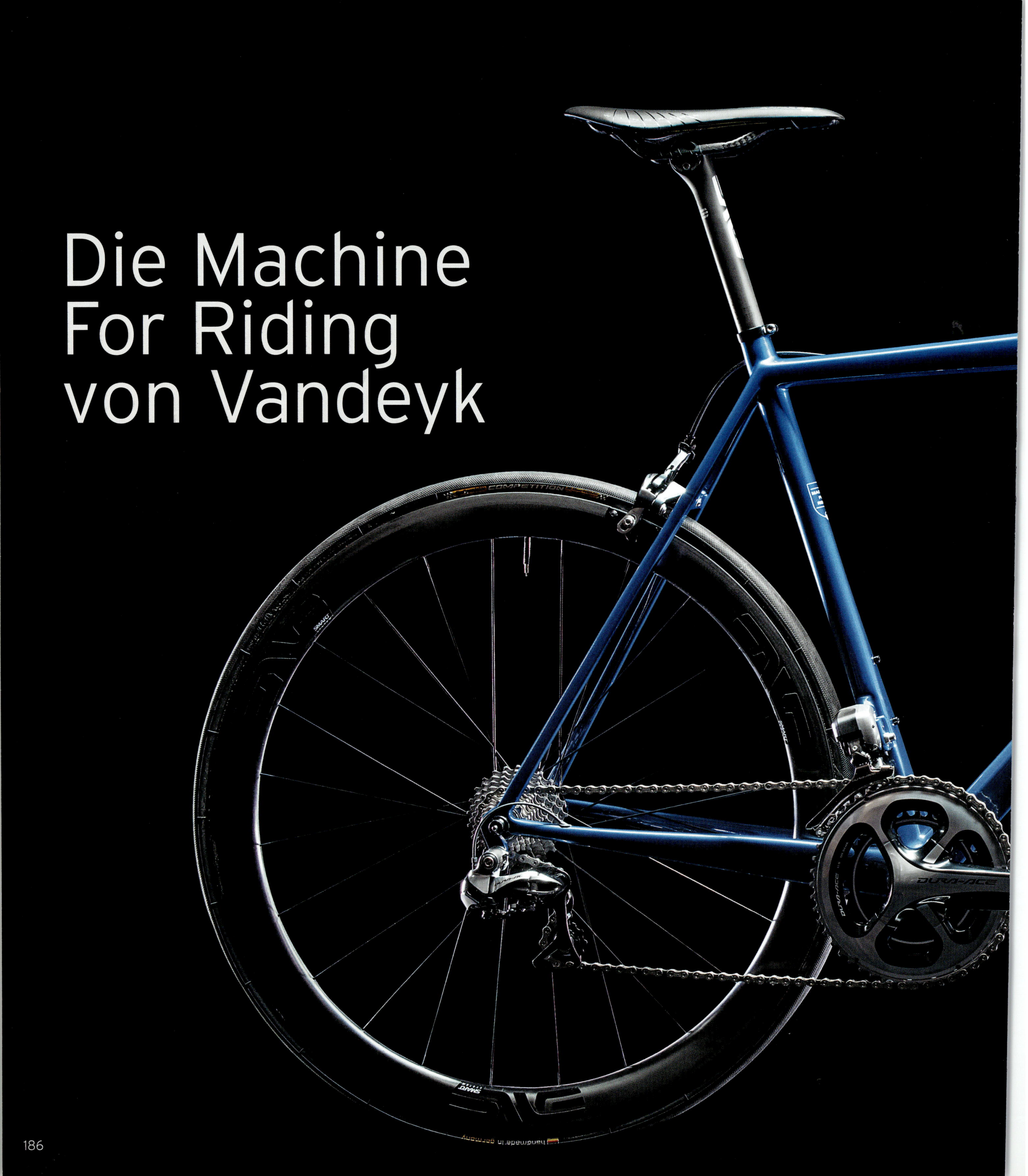

◀ Die *Machine For Riding*, hier im wunderschönen Blau, ist ein wahres Schmuckstück unter den Rennrädern. Der Rahmen aus Carbonfasern besteht aus einem einzigen Stück und entstand unter Mithilfe von Technikern aus dem Formel-1-Bereich.

◀ Die Frontalperspektive setzt die Gabel in Szene. Sie stammt von Enve Composites. Die edle Chris-King-Nabe am Laufrad komplettiert die Vorderhand des Machine For Riding.

▲ Der Rahmen ist mit einem speziellen Gemisch auf Wasserbasis lackiert, der dem Stuttgarter Fahrrad eine unverwechselbare Farbe verleiht.
Der Lenker stammt ebenfalls von Enve Composites und integriert sich perfekt in ein Modell, das fast ausschließlich aus Carbon und Kompositfasern besteht.

▶ Auch in der Heckansicht mangelt es dem Renner nicht an Stil.
Der ultraleichte Rahmen wird von Ax-lightness in einem Autoklav hergestellt. In mittlerer Größe bleibt der von Vandeyk gestaltete Rahmen unter 870 Gramm.

Van Deyk Contemporary Cycles ist eine kleine Firma, die 2010 in Stuttgart gegründet wurde, der Heimat der großen Automarken Porsche und Mercedes. Ihr Gründer Arendt van Deyk fuhr Cross-Country-Rennen, bevor er sich dazu entschloss, unter die Fahrradbauer zu gehen. Seine Räder werden unter größter Sorgfalt und mit viel Sinn für Ästhetik und Funktion handgefertigt. Die Modellpalette seiner Firma umfasst Räder mit konventionellem Columbus-Edelstahlrahmen, neuerdings aber auch die Machine For Riding, die auf Kohlefaser-Kompositbauweise setzt. Bei der Entwicklung und Gestaltung hat van Deyk sich an Ralf Brand gewandt, einen Techniker aus dem Formel-1-Bereich, wo Kompositmaterialien seit den 1980er-Jahren gang und gäbe sind. Das Fahrrad wurde unter der Vorgabe gestaltet, möglichst minimalistisch daherzukommen: Der Rahmen ist sozusagen aus einem Guß und wird im Autoklav (ein gasdicht verschließbarer Druckbehälter) der bayerischen Firma Ax-lightness geformt, die auf Carbon und Kompositmaterialien spezialisiert ist. In mittlerer Größe wiegt er nur 870 Gramm und ist in einem sehr charakteristischen Blauton lackiert. Bei der Ausstattung gab es keine Preisvorgaben, sodass der Listenpreis bei knapp 12 000 € liegt – dank der edelsten Komponenten von höchster Güte. Die Schaltgruppe ist die elektronische Shimano Dura-Ace Di2 in ihrer jüngsten Version mit 11 Ritzeln. Die Gabel von Enve besteht selbstredend aus Carbon, ebenso wie der Lenker und der Sattel. Letzterer wird von der Firma Fizik geliefert. Natürlich sind auch die Laufräder von Chris King aus dem schwarzen Gold. Angesichts des Firmensitzes von Van Deyk ist es keine Frage, dass die Reifen von Continental stammen, wobei dieses Bauteil natürlich die geringste Haltbarkeit besitzt.

◀ In der Untersicht gibt die Machine For Riding einen Blick frei auf die hochwertige Schaltgruppe. Die Schaltung ist eine elektronische Shimano Dura-Ace Di2 mit 11 Gängen, also das Bestmögliche, womit eine solche Rakete ausgestattet werden kann.

Konzept-Bikes

Einzige Begrenzung: die Technik

Die Zukunft des Fahrrades kennt kaum Grenzen. Und wenn, so liegen sie eher auf Seiten der Technik. An der Fantasie der Designer jedenfalls kann es nicht liegen: Sie tüfteln ständig an neuen Entwürfen. Doch nicht jede Skizze mit zwei Rädern und Pedalen kann innerhalb weniger Monate oder Jahre umgesetzt werden. Ob aus einem Prototyp ein Serienrad wird, hängt oft davon ab, ob neue Produktionsabläufe oder Materialien eingeführt werden. Dabei spielen auch Kosten-Nutzen-Überlegungen eine Rolle. Die folgenden Seiten werden diese Problematik etwas näher beleuchten. Darunter sind bereits serienreife Modelle, aber auch Ideen, die völlig neue Horizonte eröffnen und zum Weiterdenken anregen. Da ist zum Beispiel ein junger Ingenieur, der für seinen Entwurf eines Faltrades einfach speichenlose Laufräder erträumt. Und da ist der fantasiebegabte Omer Sagiv, der sein Konzeptbike auf der Grundlage von recyceltem Plastik entwirft. Eine wirkliche

Revolution schließlich könnte das Verfahren des 3-D-Drucks bedeuten, wie das Luna zeigt, das auch von Sagiv erdacht ist: Jedes seiner Bauteile kann jederzeit an beliebigen Orten auf der Welt entstehen – ohne Logistik, ohne große Fabriken, ohne Mindeststückzahlen. Eine Revolution nicht nur im Bereich des Fahrradbaus. Dass in Zukunft aber auch ein großes Augenmerk auf das Design gelegt wird, zeigt Peugeot. Einer der Automobildesigner dort hat sich das BIK-Bike mit seinen exotischen Formen und dem speziellen Antrieb ausgedacht. Das Stadtrad DLI 22 aus dem gleichen Hause erscheint dagegen gleich viel bodenständiger. Geniale Einfälle können aber auch den Weg in die Serienproduktion finden, wie das Denny mit seinem Elektrogetriebe, LED-Leuchten und abnehmbaren Akkus zeigt, das Fuji nun baut. Der Trend zum Elektroantrieb befeuert allgemein den Erfindergeist, wie auch das Yamaha zeigt. Mit Sicherheit dürfen wir auf alle möglichen Überraschungen gefasst sein, vielleicht schon ganz bald!

Sada Bike

Die Idee, ein faltbares Rad mit »normalen« Dimensionen zu bauen, hat zu diesem revolutionären Entwurf geführt. Dem jungen Ingenieur Gianluca Sada schwebte ein Fahrrad mit »erwachsenem« Fahrverhalten vor, das gefaltet in öffentlichen Verkehrsmitteln wenig Platz benötigt. Ende 2014 stand jedoch noch nicht fest, ob eine Serienproduktion des Sada möglich ist. Die Rahmenstruktur aus Aluminium soll das Gesamtgewicht bei etwa 10 kg halten. Möglich wäre jedoch auch die Verwendung von Carbon, was allerdings teuer würde. Die speichenlosen Räder laufen auf jeweils drei Rollen. Am Hinterrad treibt die Kette eine große Hauptrolle an, die 26" Räder sollen auch Schlaglöcher verkraften. Das Falten ist problemlos: Es genügt, die Räder abzuziehen, wofür es Schnellverschlüsse gibt. Rahmen und Räder passen in einen kleinen Tornister, kaum größer als die Räder selbst. Entnimmt man die Räder, lässt sich die Tasche auch als Trolley benutzen, in dem sich neben dem Rahmen andere Dinge transportieren lassen. Momentan sprechen noch das hohe Gewicht (wegen des aus einem massiven Aluminiumblock gefrästen Rahmens) und der hohe Preis gegen das Konzept. Die Herausforderung besteht nun darin, diese Kinderkrankheiten in den Griff zu bekommen.

◄► Das Fehlen der Speichen fällt gleich ins Auge. Das Konzept eines jungen italienischen Ingenieurs muss kostengünstiger und leichter werden, um in Serie zu gehen.

Tranz X

◀ So sieht das gefaltete Sada Bike aus. Es gibt auch eine Spezialtasche in der Art eines Trolleys. Als Stadtrad hat das Sada nur einen Gang.

▶ Der problemlose Transport als Ausgangspunkt für diesen Entwurf: Ein Vergleich mit dem Regenschirm veranschaulicht das geringe Packmaß, das auch in öffentlichen Verkehrsmitteln nicht stört.

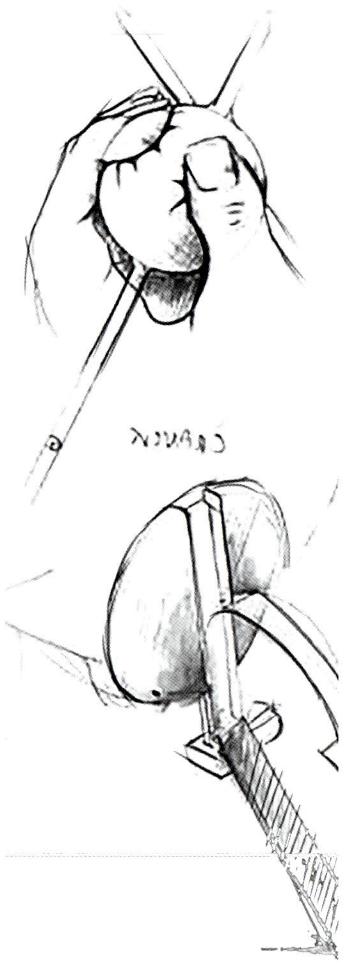

Das Izzy Plastic Bike von Omer Sagiv und Uri Sadeh

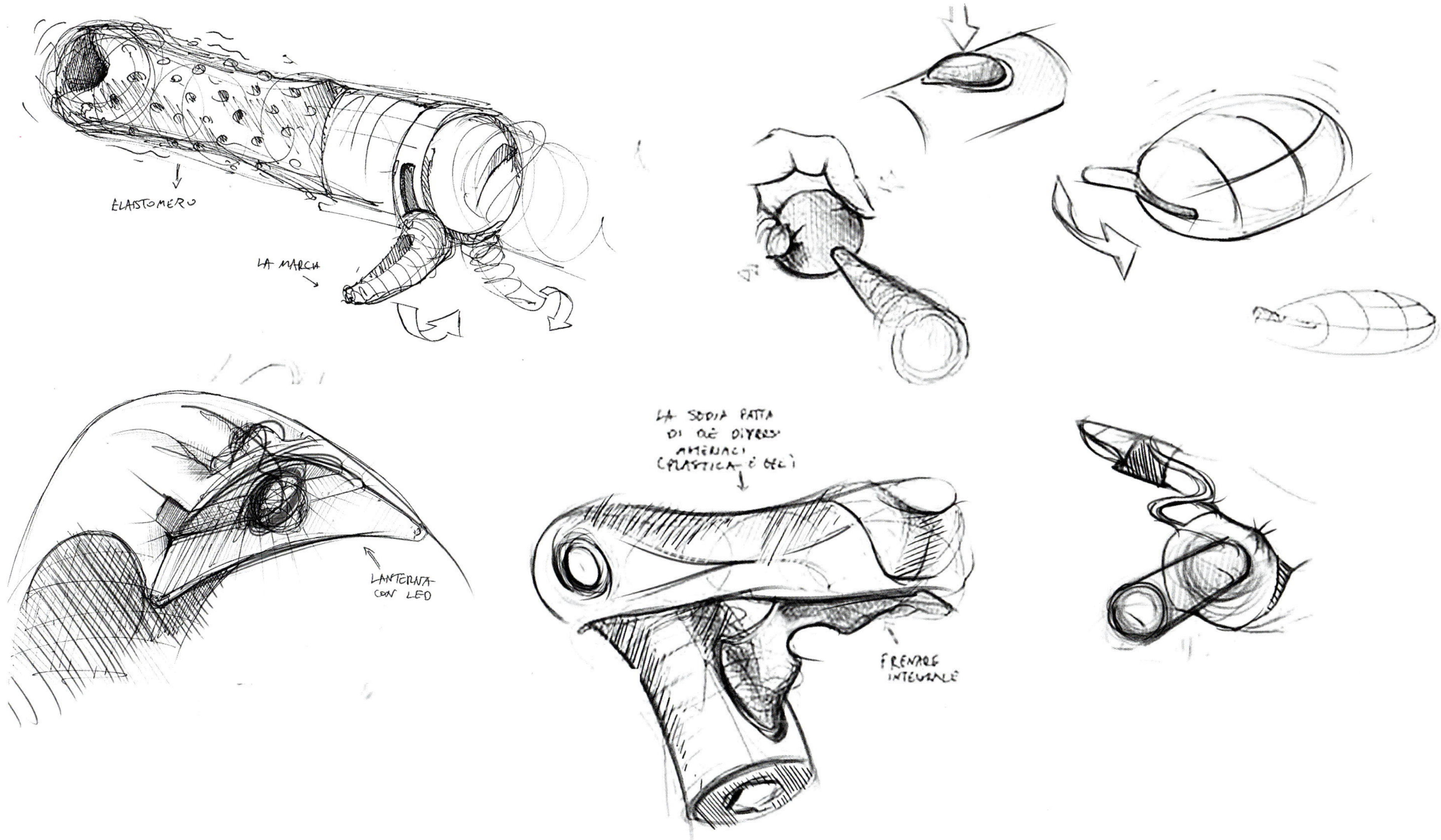

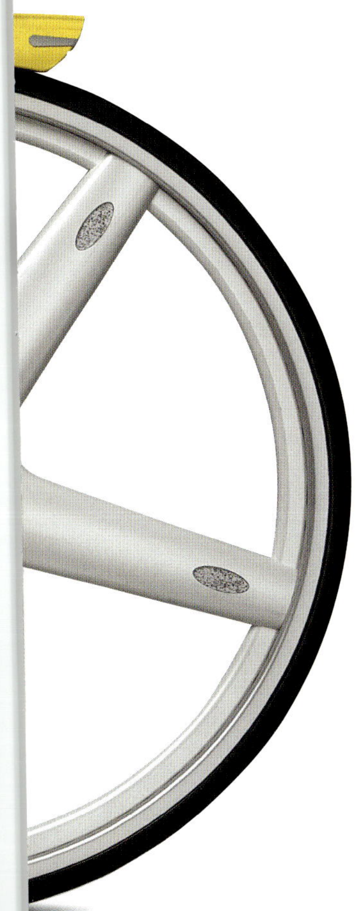

Omer Sagiv ist ein Industriedesigner, der auch gern im künstlerischen Bereich arbeitet. Er hat in London studiert und verschiedenste Entwürfe vorgelegt: Lautsprecher, Schuhe und eben auch Fahrräder. Unter letzteren ist ein besonders interessantes hervorzuheben, das er 2010 mit Uri Sadeh entworfen hat: das Izzy Plastic Bike. Der aus zwei austauschbaren Schalen bestehende Rahmen verleiht dem Rad eine futuristische Anmutung. Von Fragilität kann keine Rede sein: Auf dem Gepäckträger kann ein Mitfahrer Platz nehmen. Die Hauptinnovation ist, dass der Hauptrahmen vollständig wiederverwertbar ist. Rahmenteile und Laufräder sind leicht austauschbar, natürlich auch in verschiedenen Farben erhältlich. Der Gepäckträger enthält ein Bügelschloss als Diebstahlschutz. Auch der abnehmbare Korb besteht natürlich aus Plastik. Das Gelb der Schutzbleche kontrastiert mit dem Grau des Rahmens und dem helleren Ton der Laufräder. Die Hinterradaufhängung ist in den Rahmen integriert, was die Stabilität erhöht. Erwähnenswert ist auch die 3-D-Beleuchtung: Bei Dunkelheit erstrahlt das Vorderrad in weiß, das Hinterrad in rot. Der Antrieb erfolgt über einen Zahnriemen. Das Loch in der Tretlagereinheit unterstreicht die futuristische Gesamterscheinung.

◀▲ **Das Izzy Plastic Bike wirkt fast wie ein Kraftrad oder wenigstens ein E-Bike. Das liegt vor allem an der wuchtigen Dimensionierung des Rahmens, der auf große Lasten ausgelegt ist. Das Gelb der Schutzbleche kontrastiert mit dem Grau des Rahmens. Die Skizzen oben zeigen, dass der Londoner Designer auf jedes Detail Wert legte.**

MiniMum von Omer Sagiv

▼ Der Name ist Programm: Das MiniMum besteht aus sehr wenigen Bauteilen. Selbst der Rahmen ist mithilfe von Stahlseilen auf ein Minimum reduziert.

▶ Die Skizzen zeigen die Bauweise der Einarm-Gabel mit intergrierter Federung. Auch hinten kommt die einseitige Radaufnahme zum Einsatz. Gebremst wird über ein Rücktritt-System.

Das Izzy Plastic ist nicht das einzige innovative Fahrrad aus der Feder Omer Sagivs. Die Idee hinter dem Projekt: mit minimalem Konstruktionsaufwand das größtmögliche Fahrerlebnis zu schaffen. Die Komponenten, das Gewicht, der Wartungsaufwand, der Preis, selbst die Emissionen sind auf ein Minimum reduziert, wie Sagiv behauptet. Der Rahmen besteht aus einem einzigen Alurohr, an dem Sitz- und Steuerrohr befestigt sind. Ein Stahlseil verbindet diese Rohre miteinander und gibt dem Rohrgefüge Stabilität. Die Gabel besteht aus einem einzigen Arm, eine rote Stahlfeder sorgt für Komfort. Auch das Hinterrad besitzt eine einseitige Aufnahme. Die Räder haben einen Durchmesser von nur 32 cm. Die Lenkerhöhe beträgt 105 cm, die Gesamtlänge 155 cm. Pedale und Kurbeln setzen sich vom schwarzen Rahmen ab und sind mit einem Kevlar-Zahnriemen mit dem Hinterrad verbunden. Dem Prinzip des Minimalismus folgend, hat das Rad nur einen Gang und verzichtet sogar auf Bremsen (und entsprechende Hebel). Zum Stehen kommt der Fahrer nur über Rücktritt. All dies trägt dazu bei, den Wartungsaufwand denkbar niedrig zu halten. Das MiniMum wurde von Sagiv auf Massenproduktion hin konzipiert. Seine Leichtigkeit und einfache Konzeption tragen zudem zu einem ressourcenschonenden Herstellungsprozess bei.

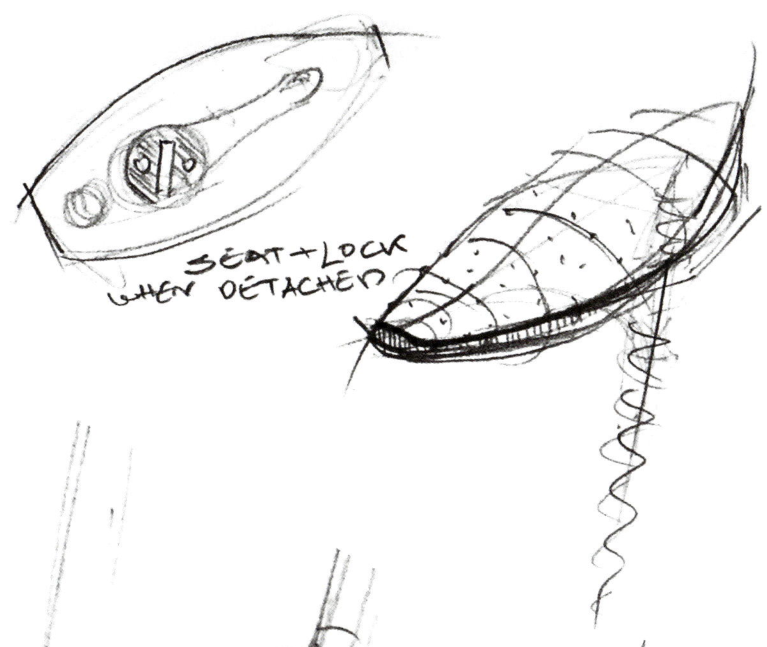

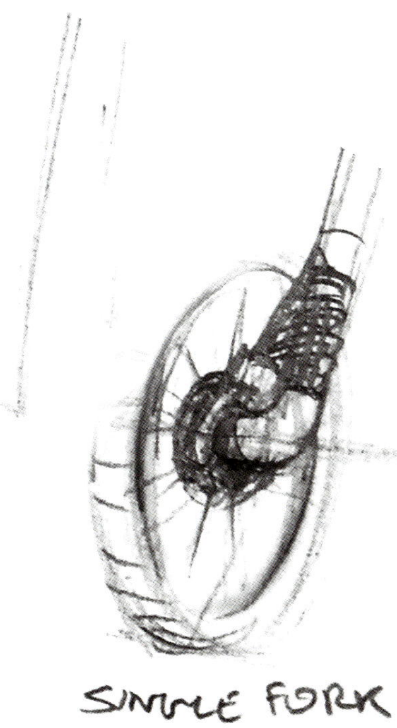

Luna von Omer Sagiv

Die Verbreitung von 3-D-Druckern und des Selective Laser Sintering (SLS) eröffnet neue technische Horizonte. Omer Sagiv gehörte zu den Ersten, die darüber nachdachten, wie sich die neue Technik nutzen lässt, um den Aufwand für individuell aufgebaute Fahrräder zu reduzieren. Sein Projekt nennt sich Luna und besitzt einen Hauptrahmen aus Nylon-Segmenten, die aus einem 3-D-Drucker kommen. Die Fertigung der spezifischen Bauteile des Luna benötigt höchstens einen Tag, dann können sie gemeinsam mit Fremdkomponenten montiert werden. Zu letzteren zählen Laufräder, Pedale, Zahnriemen, Sattel und Lenker. Die Wahl fiel auf Nylon, weil es robust ist und eine simple, minimalistische Form ermöglicht. Die hexagonale Struktur des Hauptteils ist leicht und stabil zugleich. Ein weiterer Vorteil des 3-D-Druckens ist, dass keine teuren Werkformen hergestellt werden müssen. Zudem können die Einzelteile an verschiedensten Orten auf dem Globus hergestellt werden, sofern ein ausreichend großer Drucker vorhanden ist. Die Farbe ist frei wählbar. Trotz seiner Schlichtheit ist das Luna ästhetisch reizvoll. Dazu tragen auch die 29"-Laufräder bei, deren Profilfelgen die Honigwabenstruktur des Rahmens imitieren. Der Zahnriemen verbirgt sich in einem Gehäuse zwischen Tretkurbel und Hinterradnabe. Wie auch beim Izzy Plastic Bike klafft ein Loch im Zentrum des Tretlagers.

▲ **Besonders in der Frontansicht wird deutlich, wie exakt das Luna konstruiert ist. So trägt die Gabel, die auch aus dem 3-D-Drucker stammt, zur guten Aerodynamik des Luna bei.**

◀ Die Wabenstruktur des Nylon-Hauptrahmens ist ein Hingucker. Die Felgen greifen diesen optischen Gag auf. Sie gehören gemeinsam mit Sattel, Pedalen und Lenker zu den konventionell gefertigten Bauteilen am Luna.

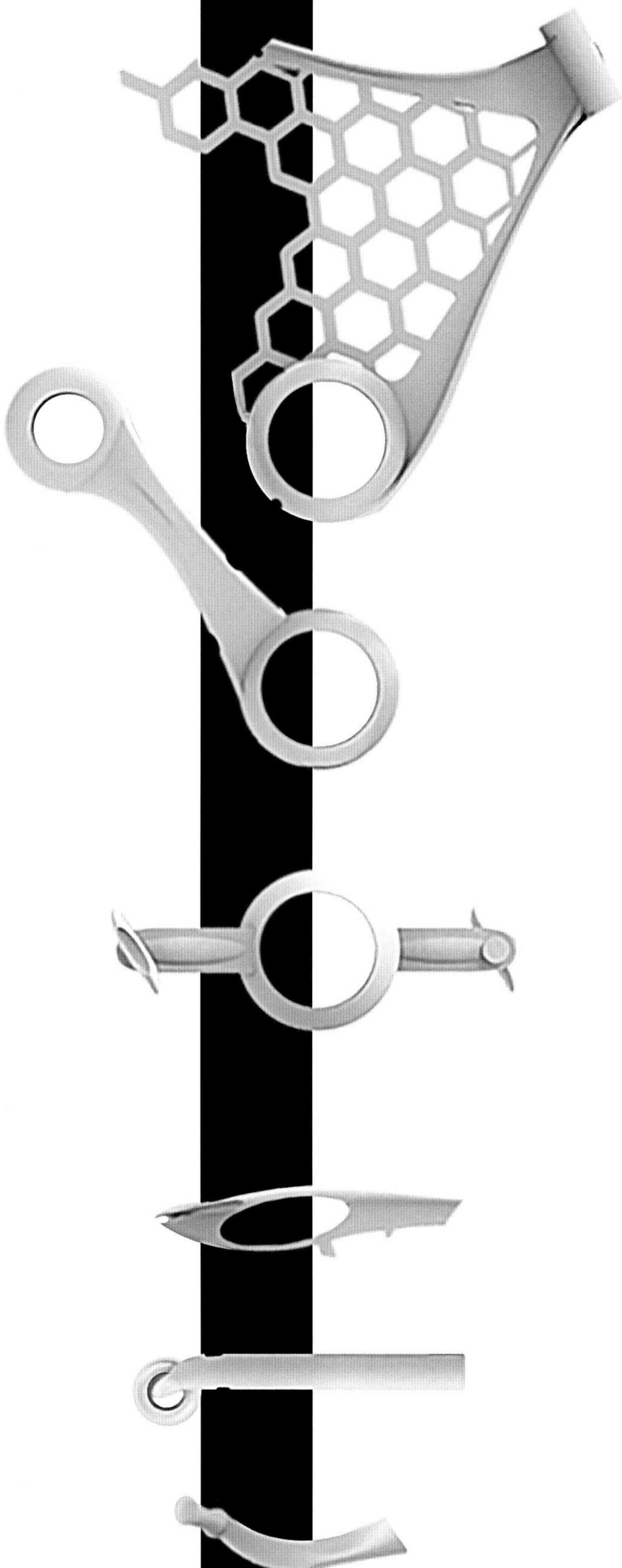

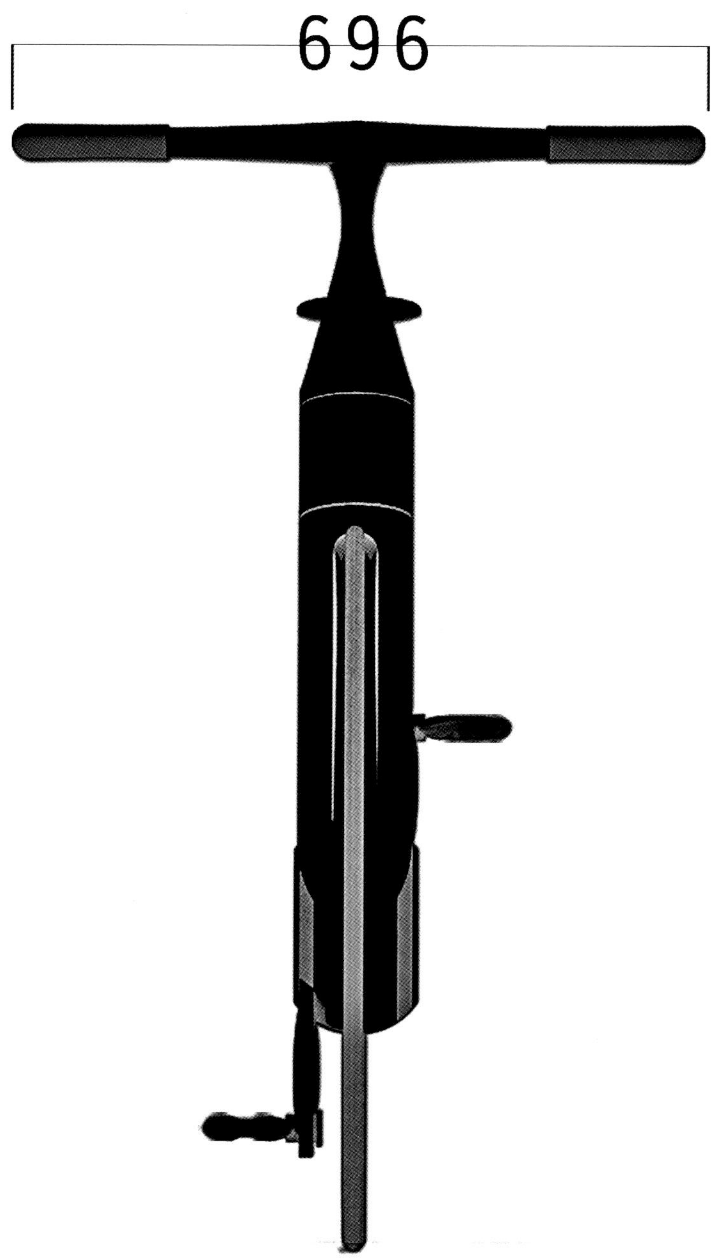

◀ Neben dem Hauptrahmen werden auch der Kettenschutz, die Pedale und der Vorbau mit dem 3-D-Drucker gefertigt. Dabei sind die Farben der Teile frei wählbar.

▲▶ Das Luna ist auf Erwachsene ausgelegt. Mithilfe des verstellbaren Sattels lässt es sich an diverse Körpergrößen anpassen. Wie bei anderen Entwürfen Sagivs ist das Innere des Tretlagers hohl.

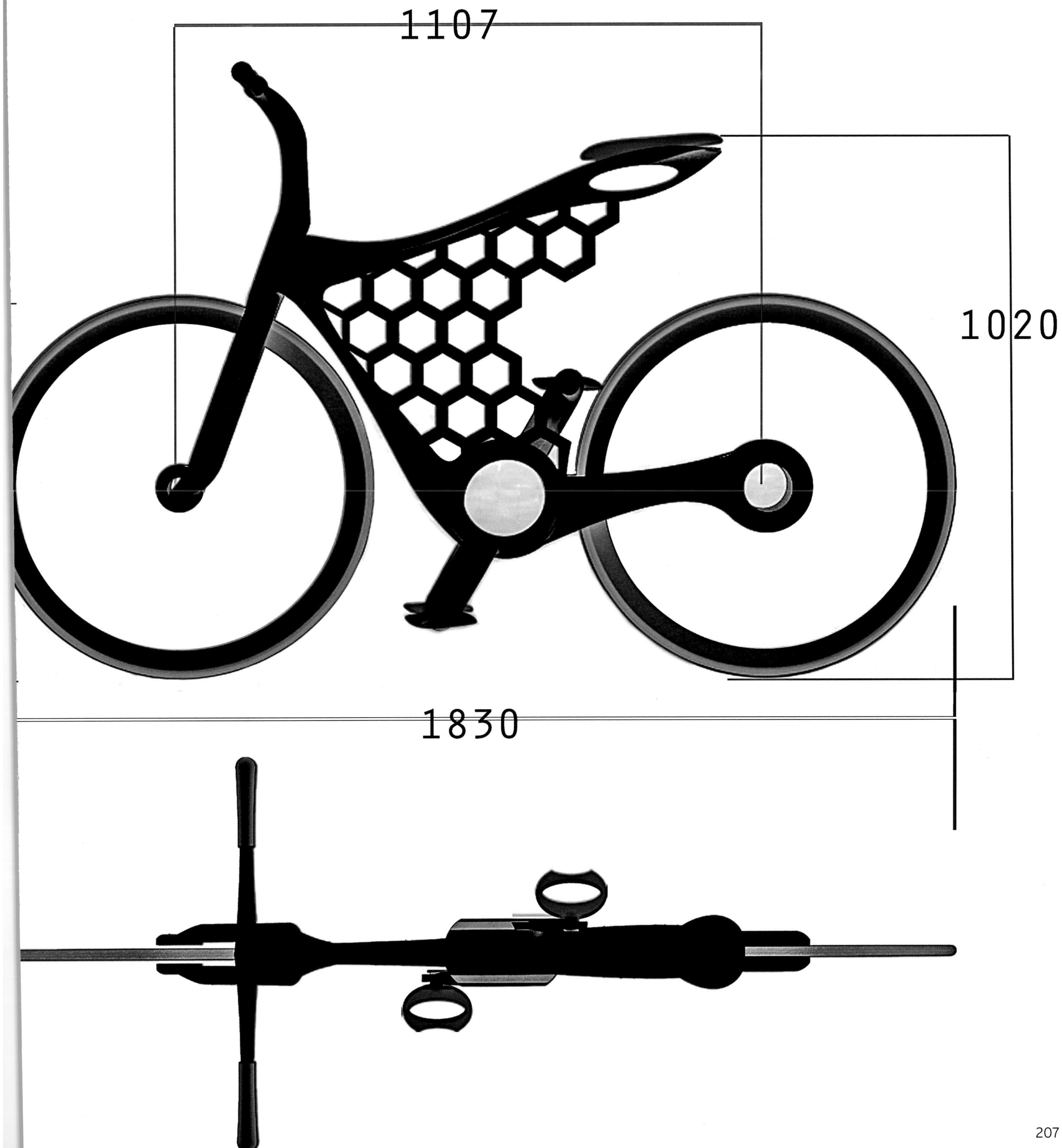
1107
1020
1830

DENNY

Das Denny von Sizemore

Im Jahre 2015 gelang dem Denny der Sprung vom Konzept- zum Serienfahrrad. Entwickelt wurde es von Sizemore, mit Sitz in Seattle, und erhielt in den USA einen bedeutenden Preis für innovative Fahrradkonzepte. Seine schlichte Linie mit den weißen Farbpartien macht es zum Inbegriff des modernen Fahrrades. Es ist für die Straßen von Seattle mit seinem oftmals schlechten Wetter gedacht, weshalb es über einige pfiffige technische Lösungen verfügt. So lässt sich ein Teil des Lenkers abnehmen und dient dann als Bügelschloss. Zwei kleine Bürsten, die mittels Bügeln an den Radachsen montiert sind, dienen als Spritzschutz. Eine Lösung, die deutlich eleganter ist als die traditionellen Schutzbleche. Da Seattle einige Erhebungen aufweist, verwundert es nicht, dass das Denny über einen elektrischen Hilfsmotor verfügt. Der zugehörige Akku befindet sich unter dem Gepäckträger am Lenker und kann zum Laden abgenommen werden. In der Serie soll der Träger mit einem Netz versehen sein, um alle möglichen Dinge darauf transportieren zu können. Die Gangschaltung funktioniert automatisch, wobei der Antrieb über einen Zahnriemen erfolgt. Ebenso automatisch erfolgt die Anpassung der LED-Leuchten an die Lichtverhältnisse. Neben dem ungewöhnlichen Frontstrahler ist das Denny mit am Gepäckräger befindlichen Blinkern und einer Bremsleuchte ausgestattet.

◄ **Eine kleine Gruppe von Designern aus Seattle hat das Denny entworfen. Der Gewinn eines Designpreises verhalf dem Rad zur Serienfertigung durch die japanische Firma Fuji.**

▼ Das kontrastierende Weiß einiger Rohre gibt dem Denny eine smarte, schwungvolle Optik. Die seitlich auf der Batterie angebrachten LED-Lichter dienen als Blinker.

DENNY

SportCONTACT

◀ Die Schmutzfänger des Denny sind völlig neuartig: An Bügeln geführte Bürsten, die ständig die Reifen reinigen und Wasserspritzer verhindern.

▲ Einige Skizzen aus der Entstehungsphase des Denny, das Sizemore gemeinsam mit dem Studio Teague entwickelt hat. Der eigenwillige Bügellenker kann als Schloss verwendet werden.

▼ Wie viele in Autosalons gezeigte Fahrräder ist das von Olivier Gamiette entworfene B1K Bike eine reine Designstudie. Es finden sich jedoch einige innovative Ideen, beispielsweise die fest mit den Rädern verbundenen Reifen.

Peugeot B1K

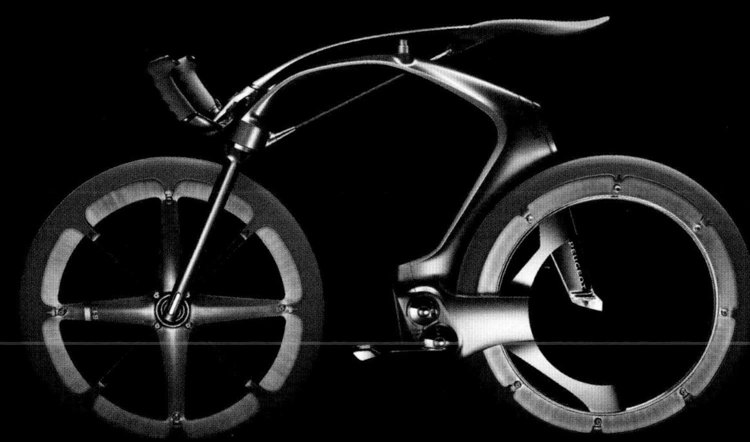

Hier haben wir nun ein Konzept-Bike im wahren Sinne, eine reine Stilübung, ohne an Serienproduktion zu denken. Natürlich ist nicht ausgeschlossen, dass dieses Konzept von 2010 wiederum zukünftige Entwürfe bei Peugeot beeinflussen wird. Das B1K wurde von Olivier Gamiette entworfen, einem französischen Automobildesiger, der zur gleichen Zeit den Prototyp EX1 vorstellte, der quasi der vierrädrige Cousin des B1K ist. Letzteres ist freilich eher ein Stück moderner Kunst als ein Transportmittel. Es schert sich nicht um Ergonomie, wie der sehr tiefe Lenker zeigt. Der Rahmen wird in einem Stück aus Carbon hergestellt. Ein Balken verbindet Lenker und Sattel direkt miteinander. Alles ist den geschwungenen Linien unterworfen. Gamiette hatte bei der Formgebung einen Athleten in Aktion vor Augen. Das gekrümmte Oberrohr ist äußerst schmal; am kräftigen Steuerrohr prangt selbstverständlich der Löwe, das Firmenlogo. Die Griffe sind – entsprechend der Griffposition am Rennlenker – vertikal angebracht. Die Laufräder erwecken Staunen: Während das vordere gewöhnliche Speichen besitzt, ist das Hinterrad mittels einer Y-Konstruktion mit dem Rahmen verbunden, an der wiederum ein Rücklicht sitzt, das im Nichts zu schweben scheint. Möglich wird all dies durch den Verzicht auf eine Kette. Stattdessen sind die Pedale unmittelbar mit dem Hinterrad verbunden.

▲ **In der Seitenansicht zeigt sich die Bogenform des Rahmens am deutlichsten. Das speichenlose Hinterrad ist möglich, weil die Kraft direkt von den Pedalen auf den Reifen übertragen werden soll.**

Das DL 122 von Peugeot

Das DL 122 ist Peugeots Lösungsvorschlag zur urbanen Mobilität. Sehr kompakt dank der 20"-Laufräder, möchte es Stil, Eleganz und Alltagstauglichkeit in sich vereinen. Der futuristische Entwurf stammt von Neil Simpson. Im Herzen des Alurahmens befindet sich eine Öffnung, für das es eine passende Tasche für einen Computer oder Dokumente gibt. Dieser Stauraum ist mit edlem Holz ausgekleidet. Die Tasche ist aus dem gleichen Leder wie der Sattel und die Lenkergriffe gefertigt. Die Position der Tasche ist optimal, um den Schwerpunkt des Fahrrades nicht unnötig zu erhöhen. So kann man sich mit dem DL 122 flink im Stadtverkehr bewegen. Die Fünfspeichen-Räder sind schwarz, ebenso Sattelstütze, Gabel und Steuerrohr. Kein einziges Kabel tritt an die Oberfläche. Die Achtgang-Nabe wird über einen Zahnriemen angetrieben, der den Wartungsaufwand reduziert. Der Selle Italia-Sattel stammt, wie der Name es bereits verrät, aus Italien. Es existiert auch eine Elektro-Variante, das eDL 122, bei der der Motor im Vorderrad sitzt, während die Batterie im Rahmen verbaut ist und dort aufgeladen werden kann. Vom Lenker aus lassen sich die Gangwechsel und die Fahr-Modi per Computer steuern. Wie bei seinem Zwilling DL 122 ist auch ein Faltschloss am Rahmen befestigt.

◄ Ein tiefer Schwerpunkt und kleine Laufräder zeichnen das DL 122 aus, das für den Stadtgebrauch entwickelt wurde. Ein weiteres Charakteristikum des Peugeot ist die Öffnung im Rahmen aus gebürstetem Alu, in der sich eine Tasche unterbringen lässt.

Bereits 1993 startete Yamaha, den meisten Menschen bis dahin durch Motorräder und Musikinstrumente bekannt, die Produktion der ersten elektrischen Fahrräder mit Power Assist System (PAS). Das erste Modell von November 1993 war ein Unisex-Modell ohne Oberrohr. Seitdem wurden die Modelle stetig weiterentwickelt. Sie wurden günstiger und ihre Reichweite vergrößerte sich, wozu die Entwicklung von Lithium-Ionen-Akkus maßgeblich beitrug. Kürzlich wurde die Linie um eine Sportversion und ein Dreirad erweitert. Völlig neue Wege beschreitet das PAS With, das 2011 auf der Tokyo Motor Show gezeigt wurde. Der T-förmige Rahmen ist ein echter Eyecatcher. Dabei ist das Rad faltbar und leicht in öffentlichen Verkehrsmitteln zu transportieren. Alle PAS-Modelle sind mit einem Nabenmotor am Vorderrad ausgestattet, wodurch der Designer größeren Gestaltungsfreiraum hat. Hier fiel die Wahl auf eine einarmige Federgabel, vor allem wegen der Faltbarkeit. Der Antrieb erfolgt durch einen Zahnriemen, zudem sind Scheibenbremsen verbaut. Auch eine Schnittstelle für ein Smartphone ist vorhanden, das dann die Navigation übernehmen kann.

Yamaha PAS With

◄ Der Yamaha-Prototyp von 2011 unterscheidet sich völlig von den anderen PAS-Modellen. Hauptmerkmale sind der T-förmige Rahmen und eine Einarm-Federgabel.

▲ Dieses Konzept-Bike lässt sich falten – zwar nicht symmetrisch, aber dennoch sehr platzsparend. Der Elektro-Antrieb steckt im Vorderrad, was viel Freiraum beim Design zulässt.

SCHWALBE
ROCKET RON

Mountainbikes

Innovation Non-Stop

In den 1960er- und 1970er-Jahren wurde der Motocross populär und damit auch einflussreich für die Fahrradentwicklung. Letztlich haben die Fahrräder fürs Gelände ihre Wurzeln im BMX, was für »Bike (for) Motocross« steht und durch Filme wie ET bekannt wurde. Die Entstehung des BMX wiederum ist eng verbunden mit dem Schwinn Sting-Ray, einem in den USA damals sehr beliebten Rad für Jugendliche. Aber auch andere Marken trugen dazu bei, BMX groß zu machen und entsprechende Rennen zu etablieren. Schließlich ist Mountainbiking auch mit Cyclocross (Querfeldeinradfahren oder Radcross), der Winter-Variante des Rennradfahrens, verwandt. Es überrascht daher nicht, auf manchen Fotos von Radcross-Rennen einen *Specialized Stumpjumper* (das vielen als das erste Großserien-Mountainbike gilt) zu entdecken. Die Entwicklung des Mountainbikes ist in den letzten 30 Jahren nie zur Ruhe gekommen. Alle möglichen Varianten (beispielsweise Downhill-Bikes) sind nach und nach entstanden. Motocross- und Automobiltechnik wurde adaptierat, sodass seit Jahren schon front- und heckgefederte Mountainbikes (»Full-Suspension-Bike«) für größtmöglichen Komfort im Gelände sorgen. Das Mountainbike wurde in Kalifornien geboren, wo Offroad-Fans an den ersten geländegängigen Fahrrädern tüftelten. Hersteller aus aller Welt trugen bald zur Verfeinerung der Technik bei. Die beständige Fortentwicklung hat zu Modellen für jede denkbare Nische geführt. Neuerdings sind sogenannte Fatbikes beliebt, die ursprünglich in Minnesota zum Fahren auf Schnee entwickelt wurden. Dieser Trend ist sicherlich nicht der letzte, den uns die Mountainbike-Industrie beschert.

Das Schwinn Sting-Ray

Dieses Fahrrad für Jugendliche kann als ein Vorläufer des Mountainbikes gelten. Es war eines der ersten BMX-Bikes überhaupt und im Amerika der 1970er-Jahre sehr beliebt. Die Gattung wurde in Kalifornien entwickelt, um damit auf Motocross-Strecken zu fahren. Am populärsten war das Schwinn Sting-Ray, das von 1963 bis 1981 gebaut wurde. Jugendliche tunten es, um damit an BMX-Rennen, die in den 1970er-Jahren aufkamen, teilzunehmen oder im Gelände zu fahren. Das erste Sting-Ray hatte 20"-Räder und eine Sitzbank wie bei einem Motorrad. Es verkaufte sich in den ersten Monaten 45 000 Mal. Alle Versionen hatten den geschwungenen Rahmen, doch es gab zahlreiche Ausstattungsvarianten. So war das Krate fürs Gelände ausgelegt. Es wurde von 1968 bis 1973 gebaut und hatte ein 16"-Vorderrad mit Trommelbremse. Der Sattel war gepolstert, und auf dem Oberrohr war ein Schaltknüppel montiert, mit dem man zwischen fünf Gängen wählen konnte. Das orangefarbene Krate verkaufte sich von allen Sting-Rays am besten. An anderen Modellen waren Scheibenbremsen, verschiedene Lenker und Sättel verbaut, je nach dem beabsichtigten Einsatzbereich. Der BMX-Sport etablierte sich schnell. Es entwickelten sich die verschiedensten Wettbewerbsformen, wovon Freestyle sicher die spektakulärste ist - hier sind sowohl Mut als auch Kreativität gefragt.

▶ **Links ist das original Sting-Ray von 1963 abgebildet, rechts der 2004 von Schwinn neu aufgelegte Street Series Chopper. An den alten Erfolg konnte die Firma jedoch nicht anknüpfen.**

▲ Der Katalog von 1968 zeigt das Sting-Ray Krate in Orange mit einem Dragster im Hintergrund. Es hat ein 16"-Vorderrad, das Hinterrad hat 20". Der Listenpreis für diesen Kindertraum lag bei 86,95 US-$.

Specialized

Stumpjumper, 1981

Das im September 1981 präsentierte Stumpjumper war das erste in Großserie gefertigte Mountainbike, bald gefolgt vom Univega Alpina Pro und dem teureren Ritchey. Mike Sinyard, der Gründer von Specialized, wollte seinen Kunden ein Fahrrad für jedes Gelände anbieten. Der geschweißte Rahmen hatte einen BMX-Vorbau und einen motorradähnlichen Lenker, bald aber baute Specialized seine eigenen Komponenten. Auf den Araya 26"-Felgen (66 cm) waren griffige Knubbelreifen montiert, die ARX-Schaltung mit einem Dreifach-Kettenblatt und fünf Ritzeln für eine möglichst große Übersetzungsbandbreite stammte vom japanischen Hersteller Suntour, die Bremsen von Mafac aus Frankreich. Skeptiker sahen das Stumpjumper anfangs als BMX für große Kinder, doch für Specialized waren Absatzprobleme ein Fremdwort, seit die ersten 500 Stück 1982 verkauft waren. Beim Folgemodell wurde schließlich die Gabel verstärkt und 1983 eine Shimano-Deore-Schaltgruppe montiert, die speziell für Mountainbikes entwickelt worden war. Seine Vielseitigkeit machte das Stumpjumper zum idealen Mountainbike und verhalf dem Sport zu größerer Popularität. Heute ist der Modellname unter Kennern legendär und noch immer im Katalog von Specialized zu finden.

▲ Das 1982 von Specialized präsentierte Stumpjumper gilt als das erste »echte« Serien-Mountainbike. Kennzeichen sind ein klares Design und spezielle Komponenten fürs Gelände.

▶ Mit einem Rennlenker ausgestattet, fand das Stumpjumper auch bei Crossrennen Verwendung. Die Knubbelreifen sorgten für Grip auf schmierigem Untergrund.

Team
StumpJumper
StumpJumper

Cinelli Rampichino, 1981

▼ Das erste Mountainbike Italiens stammt von Cinelli und wurde maßgeblich von Antonio Colombo entwickelt, dessen Familie Cinelli übernommen hatte. Italiener verwendeten die Begriffe Rampichino und Mountainbike bald synonym.

Das Cinelli Rampichino wurde seit 1985 in Großserie produziert und gilt als das erste italienische Mountainbike. Sein Schöpfer Antonio Colombo ist ein Marketing-Talent und sehr offen für Innovationen. Er ist der Sohn von Antonio Colombo sen., der 1978 Cinelli übernommen hatte. In Kalifornien waren Mountainbikes zu dieser Zeit bereits sehr populär, und Antonio brachte diesen Trend nach Italien. Der Modellname stammt von einem Vogel, dem Gartenbaumläufer, und wurde in Italien bald zum Synonym für Mountainbikes schlechthin. Die ersten Serien bestanden aus einem einfachen Columbus-Stahlrahmen in military-green mit gelben Aufklebern. Die 28"-Felgen stammten von Ambrosio, der gerade Lenker war in einem dreieckigen Vorbau montiert. Die Shimano Deore-XT-Schaltgruppe war speziell für den Geländeeinsatz ausgelegt. Auch Gary Fisher, ein US-amerikanischer Rennfahrer, der es zu einem großen Fahrradhersteller brachte und auch die Olympiasiegerin Paola Pezzo sponserte, gefiel das Rampichino sehr. Bevor er seine eigenen Räder herstellte, importierte er das Rampichino in die USA, wo die Mountainbike-Welle auf ihren Höhepunkt zusteuerte – ein klarer Beweis für die Qualität des ersten italienischen Bergfahrrades.

Mountain Cycle San Andreas, 1991

▶ Das San Andreas ist ein Meilenstein in der Entwicklung des Mountainbikes und wird im Museum of Modern Art in San Francisco ausgestellt. Es hat einen sehr charakteristischen Aluminium-Monocoque-Rahmen und ist vollgefedert.

Motocross- und Mountainbikes haben einiges gemeinsam, da sie in ähnlichem Gelände bewegt werden. Es verwundert also nicht, wenn ein Ingenieur eine Mountainbike-Firma gründet, der eine Vergangenheit als Rennfahrer für Kawasaki vorweisen kann. Diese Firma heißt Mountain Cycle, ihr Besitzer Robert Reisinger. Sie wurde 1988 gegründet und präsentierte 1991 das San Andreas mit seiner revolutionären Optik, die so spektakulär ist, dass das Rad einen Platz im Museum of Modern Art in San Francisco gefunden hat. Es zählt zu den ersten vollgefederten Mounatinbikes, hat einen Aluminium-Rahmen in Monocoque-Bauweise und Scheibenbremsen. Alle wesentlichen Bauteile stammen aus eigener Fertigung, die Schaltung ist eine Shimano Deore XT mit 21 Gängen. Auch eine Upside-Down-Federgabel in Motocross-Optik gehört zur ursprünglichen Ausstattung, auf dem Bild ist jedoch eine Rock-Shox-Gabel montiert. Der Hauptrahmen hat eine Einheitsgröße und lässt sich über verschiedene Sitzdome auf die Körpergröße anpassen. Das Herzstück der »After Shock«-Federung am Heck ist der hauseigene Dämpfer. Er besteht aus drei Gummipuffern unterschiedlicher Härte, die austauschbar sind und sich mithilfe einer Vorspannung auf das Fahrergewicht einstellen lassen. Die hier nicht abgebildete, hydraulische Pro-Stop-Scheibenbremse war ihrer Zeit voraus und ebenfalls eine Eigenentwicklung von Reisinger. Sie war schwimmend gelagert und der Scheibendurchmesser wählbar.

▲ Das LTS in einer späteren Version. Das Bike ist relativ schlicht konstruiert, typisch für ein Wettkampf-MTB.

▶ Der Rahmen des LTS trägt die Handschrift von Brent Foes, eines Freundes des Offroad-Motorsports. Er hat das Verdienst, neue Ansätze in der Federungstechnik gefunden zu haben, was die Abfahrtsqualitäten seiner Bikes verbesserte.

Foes LTS

FOES FAB
FOES Racing
Troy Lee Designs
Ringlé
Ringlé

◄▲ Das LTS begeistert mit seiner funktionalen Bauweise. Der Rahmen wurde auf die Erfordernisse der Dämpfung ausgelegt und besitzt ein außergewöhnlich kurzes Übersetzungsverhältnis.

Brent Foes ist ein begeisterter Mountainbiker aus Los Angeles, der früher Offroad-Rennen auf Pick-Ups von Ford und Nissan fuhr, die er selbst getunt hatte. Diese Erfahrung trug dazu bei, sich intensiv mit der Federung von Mountainbikes zu beschäftigen. 1995 präsentierte er die F1-Federgabel, die Eigenschaften besaß, die erst viel später zum Standard wurden. Am Foes LTS ließ sich die Dämpfung separat für das Komprimieren und Zurückfedern einstellen. Der Federweg lag bei 12,5 cm. Eine technische Lösung, wie sie zuvor unbekannt war. Die Leidenschaft für Federungen hatten Foes und sein Team dazu gebracht, den ersten LTS-Rahmen genau auf das Federungssystem abzustimmen. Die quasi konkurrenzlose Möglichkeit, Dämpfer und Rahmen selbst zu bauen, brachte den Kalifornier dazu, zuerst den Dämpfer und dann einen optimal dazu passenden Rahmen zu entwickeln. Ein Geheimnis liegt dabei in dem kurzen Hebelverhältnis zwischen Dämpfer und Hinterrad. Auch nach vielen Jahren begeistert das Foes mit seinem funktionalen Stil, der typisch ist für konsequente Wettkampf-Bikes.

Die Entwicklung des Mountainbikes hat zahlreiche technische Neuerungen hervorgebracht, wobei es unter den verschiedenen Modelle enorme Unterschiede gibt. Angesichts der Parallelen zu Motocross-Maschinen kam die Idee einer Federung, die Stöße absorbiert, recht bald auf. In den frühen 1990er-Jahren tauchten die ersten vollgefederten Modelle (»full-suspension«) auf, doch es dauerte einige Jahre, bis sie als zuverlässig galten. Ein schönes Beispiel für ein »Fully« ist das Cannondale Raven von 1998, das in drei Versionen angeboten wurde: 2000, 3000 und 4000, jeweils mit anderen Komponenten bestückt. Das Bike hat eine futuristische Optik, was vor allem dem Super V-Rahmen aus Kompositmaterial geschuldet ist. Dessen Hauptteil besteht aus einem mit Carbon überzogenen Aluminiumgerippe, der Hinterbau ebenfalls aus Alu. Der horizontale Fox Alps-Dämpfer ist luftgefedert und kann somit auf jedes Gewicht angepasst werden. Die Federgabel ist eine Coda HeadShok Fatty SL, die Schaltgruppe eine Shimano XTR, mit gewissen Unterschieden zwischen den Modellen. So ist das 4000 mit einem Sachs-Schaltwerk ausgestattet, und das 2000 hat eine achtfache Shimano XT-Kassette statt einer XTR. Diejenigen, welche das Raven einmal gefahren sind, halten es für eines der besten Mountainbikes aller Zeiten, denn sein geringes Gewicht erlaubt optimalen Vortrieb. Einige Bike-Fans fahren es noch heute, was zudem für die Langlebigkeit des Rahmens spricht.

Cannondale Raven, 1998

◄▲ Als das Raven 1998 auf den Markt kam, fiel es wegen seines futuristischen Super V-Rahmens sofort auf. Auch der scheinbar frei schwebende Sattel zählt zu den ästhetischen Reizen. Der Rahmen besteht aus einem Alugerippe, das mit Carbon überzogen ist. Die auf dem rechten Foto rot lackierte, verstellbare Heckfederung trägt zur guten Traktion des Raven bei. Ein weiterer Pluspunkt ist seine Leichtigkeit.

Scott Genius

In der Geschichte des Mountainbikes kommt dem Scott Genius von Anfang 2003 eine besondere Rolle zu. Das vollgefederte Race-Bike Rc10 wurde gemeinsam mit dem Schweizer Thomas Frischknecht entwickelt, der damit 2003 die Marathon-Weltmeisterschaft in Lugano gewann. Die Innovation liegt in der Federung, die vorn und hinten dreifach einstellbar ist: Lock-out, All-travel und Traction. Das Hinterrad ist an einem viergelenkigen Parallelogramm aufgehängt, was den Ketteneinfluss auf die Federung minimiert. Der aus Aluminium gefertigte Rahmen wiegt inklusive Dämpfer nur 2150 g und lässt sich vom Rennfahrer leicht auf der Schulter tragen. Das Modell für den Allround-Einsatz heißt Mc10 und hat eine etwas komfortablere Geometrie. Als Schaltgruppe wurde die Shimano XTR inklusive Scheibenbremsen verbaut. Die Laufräder sind Cross Max-Modelle von Mavic. Scott hat das Genius im Laufe der Jahre konsequent weiterentwickelt. Mittlerweile sitzt der Dämpfer parallel zum Zentralrohr und arbeitet auf Zug, nicht mehr auf Kompression. Im Jahr 2015 werden drei Genius angeboten, darunter das 700 mit 27,5"-Räder und das 900 mit 29". Das Topmodell heißt LT Tuned und hat 27,5"-Laufräder sowie einen TwinLoc-Hebel am Lenker, mit dem man die gesamte Federung in den drei Stufen Climb, Traction und Descent (Abfahrt) einstellen kann. Der Carbonrahmen ist ultraleicht, sodass das Gesamtgewicht bei 12,4 kg liegt. Die Schaltung stammt von Sram und verfügt über 11 Gänge.

◄▲▼ Die Fotos veranschaulichen die Evolution des Genius von 2004 (links) über 2005 (rechts oben) bis ins Jahr 2012 (unten). Die Grundidee mit einem Viergelenk-Hinterbau und einstellbarer Federung ist unverändert geblieben.

▼ Das jüngste Genius hat einen Carbonrahmen und einen parallel zum Sitzrohr laufenden Dämpfer. Vom Lenker aus lässt sich mit dem TwinLoc-Hebel die Federhärte einstellen.

SCHWALBE
NOBBY NIC

Surly Moonlander

Die jüngste Entwicklungsstufe des Mountainbikes sind die Fatbikes. Das Adjektiv »fat« bezieht sich dabei - unübersehbar - allein auf die Dimension der Reifen, die im Vergleich zum Rahmen übergroß wirken. Die Idee dazu wurde im Norden der USA geboren, wo man mit extrabreiten Reifen experimentierte, um mehr Griffigkeit auf Schnee zu gewinnen. Wie bei den ersten Mountainbikes breitete sich der Trend rasch nach Europa aus, wo Fatbikes mittlerweile zum Straßenbild gehören. Dieser Erfolg verdankt sich nicht unbedingt den Fahreigenschaften auf Schnee. Dadurch, dass man die großen Reifen mit geringstem Luftdruck fahren kann, entfalten sie auf jedem Untergrund, ganz besonders auf Sand und Schlamm, enorme Traktion. Ein echtes Fatbike muss mindestens 3,7 Zoll breite Reifen haben. Das erste Serienmodell kam 2004 von Surly, einer im schneereichen Minnesota ansässigen Firma. Es hieß Pugsley und findet sich immer noch in den Verkaufskatalogen von Surly. Mittlerweile bietet Surly mehrere Fatbikes unter dem Namen OmniTerra an, und große Firmen wie Specialized und Trek haben den Trend aufgegriffen. Eines der Topmodelle ist das Moonlander mit riesigen 4,8" (= 12,19 cm!) Reifen auf 3,94" (100 mm) Felgen. Bei geringem Reifendruck kann man damit Regionen befahren, die mit normalen Mountainbikes unzugänglich sind.

◀ Die riesigen 4,8" (12,19 cm) Reifen verleihen dem Moonlander, dem jüngsten Nachfolger des Pugsley, eine ganz spezielle Optik. Hier findet das Fatbike-Konzept seine konsequenteste Umsetzung. Jedes Gelände wird zugänglich.

▶ In der Frontansicht werden die Dimensionen der Surly-Reifen besonders deutlich. Sie werden mit geringem Reifendruck gefahren, um ein Maximum an Traktion zu generieren.

▶▶ Das Foto zeigt, wie sehr der Stahlrahmen des Pugsley dem des Moonlander ähnelt. Die Shimano-Kassette mit zehn Ritzeln wird mit 36er- und 22er-Kettenblättern kombiniert.

Der Chromoly-Stahlrahmen mit Verstärkungs-Dreieck ist in fünf Größen erhältlich, alle sind mit Shimano SLX-Schaltung und DT-Swiss-Felgen ausgestattet. Die Reifen stellt Surly selbst her, wie schon beim Pugsley. Letzteres ist auch noch im Angebot und kostet dank Shimano CS und schmalerer Reifen etwas weniger. Natürlich bleibt es ein vollwertiges Fatbike – wie könnte es anders sein?

Fahrräder mit Antriebsunterstützung

Eine faszinierende Reise

Fahrräder mit Tretunterstützung sind nicht ganz so alt wie das Fahrrad selbst, doch die Idee, dem armen Radler etwas Hilfe zu geben (besonders auf langen Strecken und bergauf), ist keinesfalls neu. Zu den ersten Konstrukteuren motorunterstützter Fahrräder zählt Peugeot, bald gefolgt von Bianchi, wie auf den nächsten Seiten zu sehen ist. Das Moped wurde bereits 1897 von den Brüdern Eugène und Michel Werner patentiert, die eine Werkstatt in Levallois-Perret und ein Geschäft in Paris besaßen, in der Avenue de la Grande Armée gleich am Arc de Triomph. Sein Motor hatte eine Stärke von 1 PS und war mit 40 km/h sogar schneller als viele Automobile dieser Zeit. Das Wort Motorrad entstand zu dieser Zeit in Paris und brachte der jungen Branche Aufschwung. Einige Hersteller vergrößerten sich dadurch enorm. In England war es die Firma BSA, die (ursprünglich aus der Waffenindustrie kommend) zwar als Zweiradhersteller bereits bekannt war, ihren Durchbruch aber dem Motorrad verdankte.

Fahrräder mit Tretkraftunterstützung unterscheiden sich natürlich von den Motorrädern, Mopeds und Motocyclettes der Jahrhundertwende. Trotz eines Motors sind sie vollwertige Fahrräder, ständiges Treten ist erforderlich. Als Urahn darf das Velosolex gelten, das zu Hunderttausenden verkauft wurde. In Italien war es verbreitet, normale Fahrräder mit einem Garelli-Mosquito-Motor samt Tank auszurüsten. In den letzten Jahren führten Verbesserungen bei Elektro- und Akkutechnik zu einer weiten Verbreitung von Pedelecs. Mittlerweile ist für jeden Geschmack etwas dabei, darunter auch viele neue Velosolex-Modelle. Bemerkenswert ist auch die Umkehr eines Effekts aus der Pionierzeit, wo aus Zweiradfirmen Autohersteller hervorgingen: Heute sind es zahlreiche Autofirmen, die Pedelecs anbieten. Dazu zählen beispielsweise das Smart EBike und das Kia KEB. Der neueste Trend: Mountainbikes mit Elektrounterstützung. Diese teils hochkomplexen Geräte ermöglichen es auch Untrainierten, anspruchsvolle Ausfahrten zu unternehmen – vorausgesetzt, sie ertragen die Frotzeleien »echter« Biker, die stolz sind, ohne Motor auszukommen.

▲ Die 1958 erschienene Velosolex-Werbung unterstreicht die Sparsamkeit und Sicherheit des Fahrrads mit Zweitakter und Rollenantrieb. Zur Popularität trug zweifellos seine Präsenz in vielen Spielfilmen bei.

▶ Die Serienproduktion des Velosolex lief 1946 an. Zuvor hatte die Firma Vergaser und Heizkörper hergestellt. Ein Werbeslogan für das Velosolex lautete: »Das Fahrrad, das sich von allein bewegt.«

Velosolex

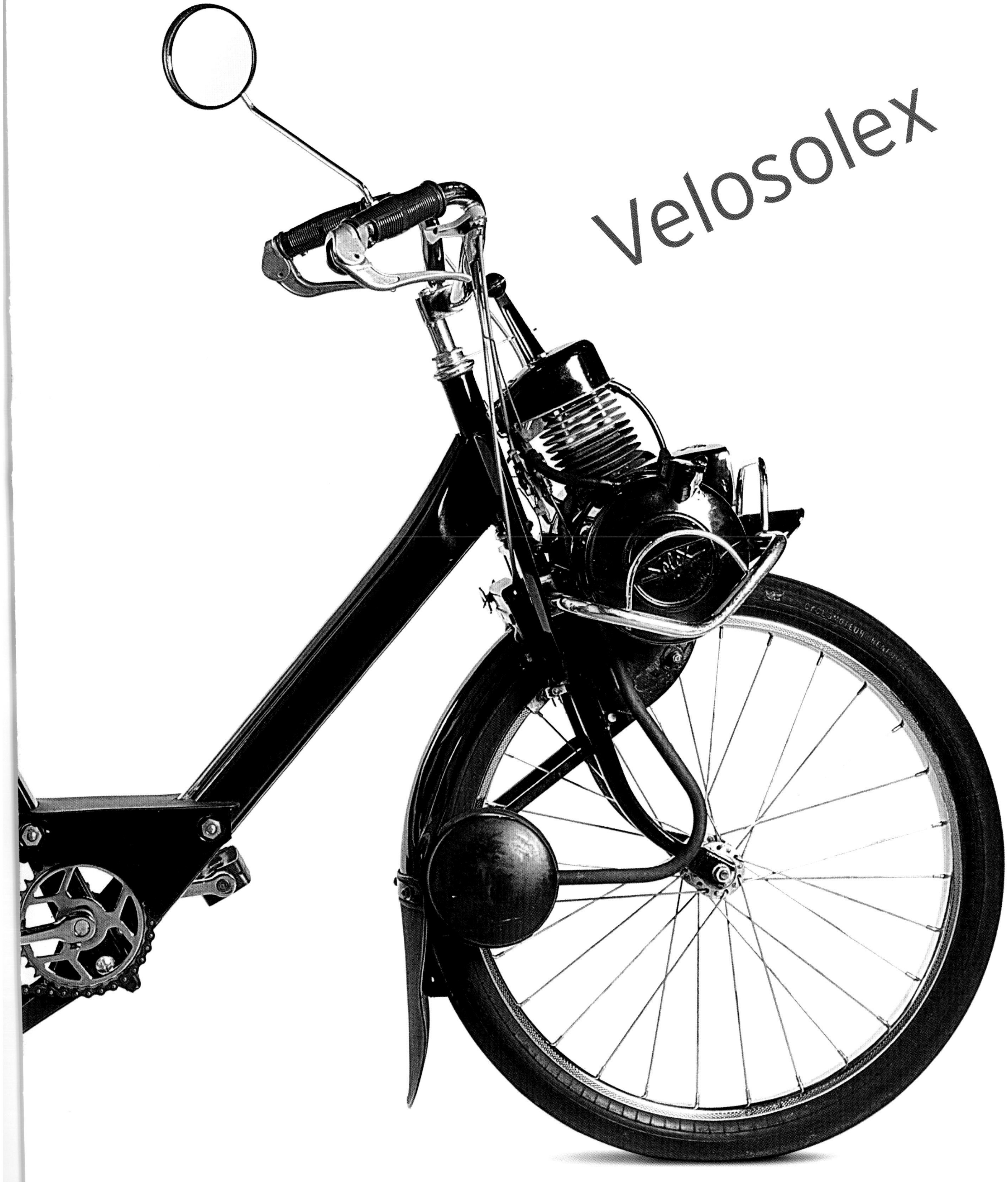

Das Velosolex kann man als Urahn der »Rückenwind-Fahrräder« sehen, wenn auch die Mopeds bereits zu Beginn des 20. Jahrhunderts erfunden wurden. Der erste Prototyp des Velosolex wurde 1941 gebaut, aber erst 1946 rollte die Massenproduktion an. Solex, das Unternehmen hinter der neuen Erfindung, war spezialisiert auf Bauteile wie Vergaser und Radiatoren und in Courbevoie angesiedelt, nicht weit von der Seine. Da das Velosolex ein Moped war, durfte man es bereits mit 14 Jahren fahren. Der Werbeslogan zum Verkaufsstart lautete: »Das Fahrrad, das sich von allein bewegt«. Seine Leichtigkeit und der geringe Preis machten das Velosolex auch außerhalb Frankreichs sehr beliebt. Als Requisite in mehreren Spielfilmen, beispielsweise mit einer charmanten, jungen Brigitte Bardot, wurde es schnell bekannt. Der Zweitaktmotor mit 45 m³ war mit dem Vorderrad durch eine Antriebsrolle verbunden. In dem Antriebsaggregat waren auch der Tank und das Licht eingebaut. 1953 wurde die Kapazität auf 49 m³ mit einer Leistungssteigerung von 0,4 auf 0,5 PS erhöht, was eine Höchstgeschwindigkeit von 35 km/h ermöglichte. Das bekannteste Modell, S3800, wurde 1966 eingeführt. In einer bald darauf einsetzenden Boomphase wurden weitere Fabriken eröffnet, doch geriet die Firma bald in Schwierigkeiten. 1975 wurde Solex mit Motobécane zusammengeführt, aber das Moped konnte nicht mehr an die alten Erfolge anknüpfen, sein Platz wurde von anderen Transportmitteln eingenommen. Die Produktion wurde 1988 eingestellt, nachdem insgesamt mehr als 7 Millionen Velosolex gebaut worden waren. Nach mehreren Versuchen eines Relaunchs in den 1990er-Jahren durch die ungarische Firma Impex wurde die Marke Solex an ein chinesisches Unternehmen verkauft, das 2006 begann, die Marke wiederaufleben zu lassen. Das Design stammt von Pininfarina, der Vertrieb erstreckt sich über ganz Europa. Es gibt sogar ein faltbares Velosolex mit 20"-Rädern und einem 250 Watt Akku, der nur fünf Stunden Ladezeit benötigt und das Rad auf bis zu 25 km/h beschleunigt. Das Basismodell heißt Solexity, ist in mehreren Versionen erhältlich (mit 26"- oder 28"-Rädern) und bietet eine Auswahl von Set-ups: Komfort, Smart und Infinity. Die Modellpalette wird von dem E-Solex, einem elektrischen Moped (E-Bike) mit einem starken Akku und einer Reichweite von bis zu 40 km abgerundet.

▶ Der neue Eigentümer von Solex, die chinesische Firma Mobiky, baut ein kompaktes E-Faltrad. Abbildungen auf der nächsten Doppelseite zeigen es in gefaltetem Zustand.

Solex
trekking
SPORT
Solex
SOLEXINE
BOSCH
SCHWALBE
PLUS TOUR

◀ Das Velosolex Comfort wurde von Pininfarina designed. Es ist sehr platzsparend faltbar und benötigt dann nur eine Standfläche von 0,4 m^2, passt also problemlos in jedes Auto und jede Bahn.

▼▶ Es fährt mit 250 Watt und hat einen Lithium-Ionen-Akku mit 8 Ah. Optional ist ein Akku mit 10 Ah erhältlich, der die Reichweite von 50 auf 70 km vergrößert. Der Rahmen ist aus Aluminium gefertigt, die 6-Gang-Schaltung kommt von Shimano.

Velosolex

Der Mosquito-Motor spielte eine entscheidende Rolle in der Geschichte der tretkraftunterstützten Fahrräder. Er wurde von Carlo Gilardi konzipiert, einem Ingenieur bei Garelli, eine Firma, die sich als Qualitätsmotorradhersteller in den 1930er-Jahren gegründet hatte. Gilardi hatte schon früher die Idee eines kleinen Zweitakt-Einzylinder-Motors gehabt, der Radfahrern unterstützen sollte, doch erst im Jahre 1945 gelang die Umsetzung. Die Massenproduktion des Motors lief 1946 nach einer langen Reihe von Dauertests an. Der Name Mosquito ist natürlich dem unverwechselbaren Klang des winzigen 38,5 m^3 Zweitakt-Motors mit einer Leistung von 0,8 PS geschuldet. Mitgeliefert wurden neben dem Antrieb Befestigungsklammern und ein Kraftstofftank, der relativ leicht an Fahrrädern zu befestigen war – der entscheidende Faktor für den Verkaufserfolg. Garelli verkaufte mehr als zwei Millionen Moskito-Motoren, die in alle Länder der Erde geschickt und in Fabriken in und außerhalb Italiens zwischen 1946 und 1960 gebaut wurden. Auch viele Bianchis wurden mit diesem Antrieb ausgerüstet, der sich jederzeit wieder demontieren ließ. Besonders schön ist das Herrenrad von 1950 mit Stangenbremsen. Dort war der Motor mit seinem Gewicht von rund 7 kg unterhalb des Tretlagers befestigt. Der Kraftstofftank passte perfekt auf den Gepäckträger, ohne dort zu stören. Der Mosquito-Motor wurde mehrfach verbessert, zuerst durch die Erhöhung der Motorgröße auf 48 m^3, dann durch die Einführung eines Übertragungssystems, das weniger Energie absorbierte. Die ersten Modelle erreichten Spitzengeschwindigkeiten um 30 km/h.

Bianchi Mosquito

▼ Der Mosquito-Motor wurde unter dem Hauptrahmen montiert, sodass der Schwerpunkt des Fahrrades tief blieb. Er ließ sich jederzeit entfernen. Der Tank hingegen wurde in der Regel auf dem Gepäckträger angebracht.

Continental EcoCONTACT Plus
smart electric drive

Smart e-bike

Mit dem *ebike* erweitert Smart sein Spektrum an Fahrzeugen von vier hin zu zwei Rädern. Es handelt sich um ein Pedelec der neuesten Generation, das in Kooperation mit dem großen deutschen Anbieter *Grace* entstanden ist. Das ebike wurde unter dem Gesichtspunkt der Funktionalität entwickelt, vernachlässigt aber auch nicht den Stil, der sich an den Smart anlehnt. Der Aluminiumrahmen nimmt den Lithium-Ionen-Akku formschlüssig auf, dessen Plastikverkleidung sich von der Rahmenfarbe abhebt. Das Angebot umfasst drei Versionen: Die Orange & Black Editions haben kontrastreiche Farben, die Comfort Edition hat eine Federgabel und einen Polstersattel und wird in Weiß oder Hellgrau ausgeliefert. Der BionX-Motor mit 250 Watt befindet sich im Hinterrad, dessen Scheibenbremse mit einem Energierückgewinnungssystem verbunden ist. Die Kraftübertragung leistet ein Carbon-Zahnriemen anstelle einer Kette. Drei Gänge stehen zur Auswahl, je nach Gefälle der Straße. Am Lenker sitzt ein Display, auf dem man zwischen vier Abstufungen der Motorunterstützung wählen kann. Der Akku hat eine Kapazität von 423 Wattstunden und eine Reichweite von 100 km. Die Ladezeit beträgt fünf Stunden für eine volle Ladung und nur drei Stunden für eine Kapazität von 80 %. Die 26" Räder sind vorn und hinten mit Scheibenbremsen versehen, LEDs übernehmen die Beleuchtung. Wie von einem derart modernen Rad zu erwarten, bietet es eine Schnittstelle für verschiedene Smartphones. Natürlich gibt es auch eine entsprechende App, die über den Batteriestand, aber auch die Fahrleistung und die Herzfrequenz informiert – wenn man den dazugehörigen Brustgurt benutzt.

▶▶ Der 250-Watt-Motor sitzt im Hinterrad, wie das Foto auf der folgenden Doppelseite zeigt. Das ebike hat eine Reichweite von bis zu 100 km.

CARBON DRIVE™ CDC™
2410

KEB e-mtb

▶ Zusammen mit der Stadtversion bedeutet das E-Mountainbike für Kia eine Art Rückkehr zu den Anfängen der südkoreanischen Marke. Die Farben erinnern an die hauseigenen Sportwagen. Die Motorleistung beträgt 250 Watt.

KEB steht für Kia Electric Bicycle und bedeutet für den südkoreanischen Autohersteller eine Rückkehr zu seinen Anfängen, denn 1944 begann Kia seine Produktion mit Fahrrädern. Nun, 70 Jahre später, folgt ein Revival mit zwei E-Bikes: eines für die Stadt, das andere fürs Gelände, beide mit 250-Watt-Motoren. Die beiden Modelle wurden erstmals 2014 auf dem Genfer Autosalon gezeigt. Das Mountainbike heißt etwas vorhersehbar »MTB«, hat einen Lithium-Ionen-Akku am Unterrohr und ein dieser Kategorie entsprechendes Design. Es ist mit 26"-Rädern mit MTB-typischen, grobstolligen Reifen für jedes Terrain ausgerüstet. Die Federgabel von Rock Shox bietet 100 mm Federweg. Wie auch das »City« wurde das MTB vom Kia-Entwicklungsteam in Namyang (Südkorea) entworfen, allerdings findet die Endmontage in Deutschland statt. Die Schaltkomponenten werden von Shimano geliefert. Der Alurahmen wird mit einer speziellen Metallpresstechnik hergestellt, sodass er einem Carbonrahmen ähnelt. Diese Technik, bei der zwei gepresste Schalen anschließend von Robotern zu einem Rahmen verschweißt werden, stammt aus der Automobilherstellung und spart durch den Einsatz von Aluminium und verschiedenen Stahlsorten Kosten. Das Gesamtgewicht einschließlich Akku und Antrieb liegt bei 20 kg. Der 250-Watt-Motor erzeugt ein Drehmoment von 45 Nm, der Akku kann zum Laden abgenommen werden. Beide Elektrobauteile stammen aus koreanischer Fertigung. Das KEB MTB erreicht bis zu 25 km/h durch eigene Motorleistung. Die Reichweite beträgt 40 km, die Ladezeit nur zwei Stunden.

Es klingt wie ein Widerspruch, der es für Mountainbike-Puristen sicher auch ist, dass E-Bikes mittlerweile in jeder Art von Gelände anzutreffen sind. Dabei erlaubt der Elektromotor auch wenig Trainierten, anspruchsvolle Touren locker zu bewältigen. Zu den interessanten Modellen gehört das Tramount 29er von Cannondale, das 2014 in zwei Versionen angeboten wurde, die sich durch die Federgabeln unterscheiden. Beide haben einen Bosch-Motor mit 250 Watt Leistung, die ausreicht, um ohne Treten 25 km/h zu erreichen. Er verbirgt sich in einem Leichtmetallgehäuse im Tretlager. Der Bosch-Akku gibt eine Leistung von 400 Wattstunden ab und ist in der Nähe des Motors am Rahmen montiert, um den Gesamtschwerpunkt möglichst niedrig zu belassen. Am Lenker befindet sich ein Display für den Batteriestand, die Navigation und die Steuerung der Motorleistung. Die Laufräder haben einen Durchmesser von 29", wie bereits im Modellnamen anklingt. Die Schweißnähte des Alurahmens sind sorgfältig verschliffen, die Kabel im Inneren verlegt. Das Pedelec besitzt die typischen Cannondale-Charakteristika: Radstand und Lenkwinkel sind auf optimales Kurvenverhalten und direkte Steuerung ausgelegt. Das etwas teurere Tramount 29er 1 ist an der einarmigen Lefty-Gabel und einer Shimano XT-Schaltung erkennbar. Das 29er 2 hat eine konventionelle Rock Shox-Gabel und eine Deore-Schaltung, ebenfalls mit zehn Gängen. Das Gewicht liegt bei 18,6 kg, was angesichts der Elektro-Bauteile schwer zu unterbieten ist. Wie bei jedem ordentlichen Mountainbike sind Scheibenbremsen, hier jeweils von Shimano, Standard.

Cannondale Tramount 29er

▲ Die einarmige Gabel und die Shimano XT-Schaltung sind die Kennzeichen der Edelversion beider Tramount 29er der US-Marke. Beide Bikes sind auf maximale Handlichkeit beim Steuern ausgelegt.

Cube Stereo Hybrid 140

Das Pedelec der deutschen Marke hat ein zentrales Federbein mit drei Grundeinstellungen. Der Bosch-Motor mit 250 Watt wird von einem Akku versorgt, der prominent am Unterrohr montiert ist.

Da Pedelecs sich in Deutschland großer Beliebtheit erfreuen, hat Cube seine ohnehin breite Modellpalette um zahlreiche elektrifizierte Modelle erweitert. Unter den etwa 20 Fahrrädern mit Elektroantrieb ist die Stereo-Hybrid-Reihe mit 120 oder 140 mm Federweg und 27,5"- oder 29"-Rädern die extremste und für jedes Gelände geeignet. Der hier gezeigte Aluminiumrahmen hat 140 mm Federweg, ebenso wie die Fox-Gabel. Das Fox-Federbein hat drei Einstellungen: Climb, Trail und Descent (Abfahrt). Der Bosch-Motor mit 250 Watt wird von einem Akku mit 400 Wattstunden versorgt, der prominent am Unterrohr montiert ist. Nach reiflicher Überlegung entschied man sich dafür, dass sich der Motor abschaltet, sobald die Kurbeln stillstehen (Pedelec). Vier Antriebsmodi lassen sich am Lenker-Computer auswählen, der auch den Batteriestand und die Fahrleistung anzeigt, wobei der Motor auch gänzlich abgeschaltet werden kann. Ein Highlight ist die Shimano XTR-Schaltgruppe mit elf Gängen. Laut Cube erlauben die Übersetzung und der Elektroantrieb es auch weniger extremen Fahrern, jede Art von Herausforderung anzunehmen – vielleicht der größte Vorteil von elektrischen Mountainbikes wie dem Stereo Hybrid. Das Gewicht des Stereo Hybrid 140 beträgt inklusive Motor und Akku 21,5 kg, sodass es sich notfalls auch auf der Schulter tragen lässt. Der Schwerpunkt liegt durch den tief sitzenden Motor so niedrig wie möglich, was dem Handling zugute kommt. Weitere Ausstattungsdetails sind Shimano XTR Scheibenbremsen, Race-Face-Lenker und DT Swiss-Laufräder mit 28 Speichen.

Der Autor

Roberto Gurian ist seit 1980 als Journalist tätig. Bevor er Freelancer wurde, war er Redakteur bei verschiedenen Motorsport-Journalen. Aktuell arbeitet er für das Automobil-Ressort des »Corriere della Sera«, AM und RSI (ein Schweizer Fernsehkanal), testet Autos und berichtet von der Formel 1. Als begeisterter Radfahrer spult er jährlich seine 10 000 km ab und pflegt damit eine Passion aus seinen Kindertagen.

Register

L

M

N

O

P

R

Fotonachweis

S. 1 Roman Sotola/123rf
S. 2/3 Privatsammlung/Bridgeman Images/Alinari
S. 4/5 Mit freundlicher Genehmigung von Colnago
S. 8/9 Peter Downs/dkimages
S. 10/11 Mit freundlicher Genehmigung von VUndEYK Contemporary Cycles GmbH
S. 12/13 Museum of Science and Industry, Chicago, USA/Bridgeman Images/Alinari
S. 14/15 Alan Cotton/123rf
S. 16/17 Musee de la Ville de Paris, Musee Carnavalet, Paris, France/Archives Charmet/Bridgeman Images/Alinari
S. 18/19 G. Dagli Orti/De Agostini
S. 19 Universal History Archive/UIG/Bridgeman Images/Alinari
S. 20-22 Museum of Science and Industry, Chicago, USA/Bridgeman Images/Alinari
S. 23 Mary Evans Picture Library
S. 24/25, 26/27 Museum of Science and Industry, Chicago, USA/Bridgeman Images/Alinari
S. 28 G. Dagli Orti/De Agostini
S. 29 Museum of Science and Industry, Chicago, USA/Bridgeman Images/Alinari
S. 30/31 CNAM, Conservatoire National des Arts et Metiers, Paris/Archives Charmet/Bridgeman Images/Alinari
S. 31 oben, 32, 33 Science Museum/Science & Society Picture Library
S. 34/35 Mit freundlicher Genehmigung von Peugeot
S. 36/37 Science Museum/Science & Society Picture Library
S. 38/39 Archivi Alinari, Firenze
S. 40/41 Mit freundlicher Genehmigung von Bianchi S.p.A.
S. 42/43 ullstein bild/Premium Archive/Getty Images
S. 43 oben Archivi Alinari, Firenze
S. 44 Mit freundlicher Genehmigung von Peugeot
S. 45 Privatsammlung/Bridgeman Images/Alinari
S. 46/47 ullstein bild/Premium Archive/Getty Images
S. 47 unten Archivi Alinari, Firenze
S. 48 Mary Evans Picture Library
S. 49 Archivi Alinari, Firenze
S. 50 Privatsammlung/Bridgeman Images/Alinari
S. 51 Collection Lionel Laget/Presse Sports
S. 52 De Agostini Picture Library/De Agostini
S. 53 La vie au grund air/Presse Sports
S. 54 EyeOn/Universal Images Group/Getty Images
S. 55 oben und unten Mit freundlicher Genehmigung von Bianchi S.p.A.
S. 56 oben STF/AFP/Getty Images
S. 56/57 Yuzuru Sunada
S. 58/59 Mit freundlicher Genehmigung von Schwinncruisers
S. 62 unten Archivi Alinari, Firenze
S. 62/63 Paul Popper/Popperfoto/Getty Images
S. 64 © Bettmann/CORBIS
S. 65 Archivi Alinari, Firenze
S. 66 oben Universal Photo/Sipa
S. 66-69 Mit freundlicher Genehmigung von Bottecchia
S. 70/71 Mit freundlicher Genehmigung von Rossignoli
S. 72/73 Mit freundlicher Genehmigung von Brooklyn Bicycle Co.
S. 74/75 Mit freundlicher Genehmigung von Bottecchia
S. 76/77 Mit freundlicher Genehmigung von MBM
S. 78/79 Mit freundlicher Genehmigung von Peugeot
S. 80-83 oben Mit freundlicher Genehmigung von Schwinncruisers
S. 84/85 Mit freundlicher Genehmigung von Brompton Bicycle
S. 86/87 Mit freundlicher Genehmigung von BMW
S. 88/89 Mit freundlicher Genehmigung von Dawes Cycles, www.dawescycles.com
S. 90/91 Mit freundlicher Genehmigung von Cicli Esperia
S. 92 oben PETER PARKS/AFP/Getty Images
S. 92 unten und 93 Mit freundlicher Genehmigung von Antonio Rocamora
S. 94 Mit freundlicher Genehmigung von B'Twin
S. 95 Mit freundlicher Genehmigung von Budnitz Bicycle
S. 96/97 Mit freundlicher Genehmigung von Colnago
S. 100/101 Marco De Fabianis Manferto/Consulting D&D
S. 102-104 De Agostini Picture Library/De Agostini
S. 105 Mit freundlicher Genehmigung von Bianchi S.p.A.
S. 106/107 Marco De Fabianis Manferto/Consulting D&D
S. 107 oben Presse Sports/Presse Sports
S. 108/109 Collezione Privata
S. 110/111 Yuzuru Sunada
S. 111 oben Presse Sports/Presse Sports
S. 112/113 Mit freundlicher Genehmigung von Gruppo s.r.l.
S. 114 oben und unten Mit freundlicher Genehmigung von Colnago
S. 114/115 und 116 G. Cigolini/De Agostini
S. 117 Mit freundlicher Genehmigung von Colnago
S. 118/119 G. Cigolini/De Agostini
S. 120 Presse Sports/Presse Sports
S. 121 Mit freundlicher Genehmigung von De Rosa
S. 122-125 Mit freundlicher Genehmigung von Gruppo s.r.l.
S. 126 oben AFP/Stringer/Getty Images
S. 126/127 Chris Weston
S. 128 David Cannon/Staff/Getty Images
S. 128/129 Science Museum/Science & Society Picture Library
S. 130/131 Marco De Fabianis Manferto/Consulting D&D
S. 131 oben und 132 Yuzuru Sunada
S. 133 Mit freundlicher Genehmigung von Wilier Triestina
S. 134-138 G. Cigolini/De Agostini
S. 139 oben Mit freundlicher Genehmigung von Colnago
S. 139 unten G. Cigolini/De Agostini
S. 140/141 Mit freundlicher Genehmigung von Colnago
S. 142/143 Mit freundlicher Genehmigung von Cannondale
S. 144 oben Yuzuru Sunada
S. 144/145 Mit freundlicher Genehmigung von Pinarello
S. 146-150 Mit freundlicher Genehmigung von Brakethrough Media
S. 150/151 Marco De Fabianis Manferto/Consulting D&D
S. 152/153 Mit freundlicher Genehmigung von Veloboo Bicycles
S. 156/157 Mit freundlicher Genehmigung von Jan Gunneweg
S. 158-161 Mit freundlicher Genehmigung von Adam Sakovy, Post-processing: Brano Meres
S. 162-165 Mit freundlicher Genehmigung von Rusby Cycles
S. 166-169 Mit freundlicher Genehmigung von Veloboo Bicycles
S. 170-175 Mit freundlicher Genehmigung von Stephen Lane, photos by Sam Roberts
S. 176-179 Mit freundlicher Genehmigung von Sartoria Cicli
S. 180/181 Mit freundlicher Genehmigung von Alessundro Gaja/Ultracicli – www.ultracicli.com
S. 182-185 Mit freundlicher Genehmigung von ITALIA VELOCE
S. 186-191 Mit freundlicher Genehmigung von VANDEYK Contemporary Cycles GmbH
S. 192/193 Mit freundlicher Genehmigung von Yamaha Motor Co.
S. 196-199 Mit freundlicher Genehmigung von R. Bucchino, Frozenlight.it
S. 200-207 Mit freundlicher Genehmigung von Omer Sagiv
S. 208-213 Mit freundlicher Genehmigung von Teague
S. 214-217 Mit freundlicher Genehmigung von Peugeot
S. 218/219 Mit freundlicher Genehmigung von Yamaha Motor Co.
S. 220/221 Mit freundlicher Genehmigung von Scott Sports
S. 224/225 und 225 oben Schwinn/Getty Images
S. 226/227 Mit freundlicher Genehmigung von Specialized
S. 228/229 Mit freundlicher Genehmigung von Gruppo s.r.l.
S. 230/231 Mit freundlicher Genehmigung von First Flight Bicycles
S. 232-235 Mit freundlicher Genehmigung von Cycleworks.ch/Switzerlund
S. 236/237 Mit freundlicher Genehmigung von Cannondale
S. 238-241 Mit freundlicher Genehmigung von Scott Sports
S. 242-245 Mit freundlicher Genehmigung von Omniterra
S. 246/247 Mit freundlicher Genehmigung von Smart
S. 250 oben Apic/Getty Images
S. 250-255 Mit freundlicher Genehmigung von Easybike Group
S. 256/257 Mit freundlicher Genehmigung von www.yesterdays.nl
S. 258-263 Mit freundlicher Genehmigung von Smart
S. 264/265 Mit freundlicher Genehmigung von Kia Motors
S. 266 Mit freundlicher Genehmigung von Cannondale
S. 267 Mit freundlicher Genehmigung von Cube Bikes

Coverabbildungen:
Titelseite: Mit freundlicher Genehmigung von Brakethrough Media
Vordere Klappe:
Oben: Mit freundlicher Genehmigung von R. Bucchino, Frozenlight.it
Mitte: Mit freundlicher Genehmigung von Colnago
Unten: Mit freundlicher Genehmigung von Peugeot
Rückseite:
Oben links: Mit freundlicher Genehmigung von Peugeot
Oben Mitte: Mit freundlicher Genehmigung von Bianchi S.p.A.
Oben rechts: Mit freundlicher Genehmigung von Jan Gunneweg
Unten links: Mit freundlicher Genehmigung von Gruppo s.r.l.
Unten Mitte: Mit freundlicher Genehmigung von Adam Sakovy, Post-processing: Brano Meres
Unten rechts: Mit freundlicher Genehmigung von Kia Motors

Titel der englischen Originalausgabe:
»Bicycles - Past, Present and Future«

Bibliografische Information der Deutschen Nationalbibliothek
Die Deutsche Nationalbibliothek verzeichnet diese Publikation in der Deutschen Nationalbibliografie; detaillierte bibliografische Daten sind im Internet über http://dnb.dnb.de abrufbar.

1. Auflage
ISBN 978-3-667-10298-0
Die Rechte für die deutsche Ausgabe liegen beim Verlag Delius Klasing & Co. KG, Bielefeld

Aus dem Englischen von Florian Haymann
Lektorat: René Stein, Klaus Bartelt
Text: Roberto Gurian
Herausgeber: Laura Accomazzo, Valeria Manferto De Fabianis
Layout: Maria Cucchi
Schutzumschlaggestaltung: Buchholz.Graphiker, Hamburg
Satz: Fotosatz Habeck, Hiddenhausen
Printed in China 2015

Delius Klasing Verlag,
Siekerwall 21, D-33602 Bielefeld
Tel.: 0521/559-0, Fax: 0521/559-115
E-Mail: info@delius-klasing.de
www.delius-klasing.de

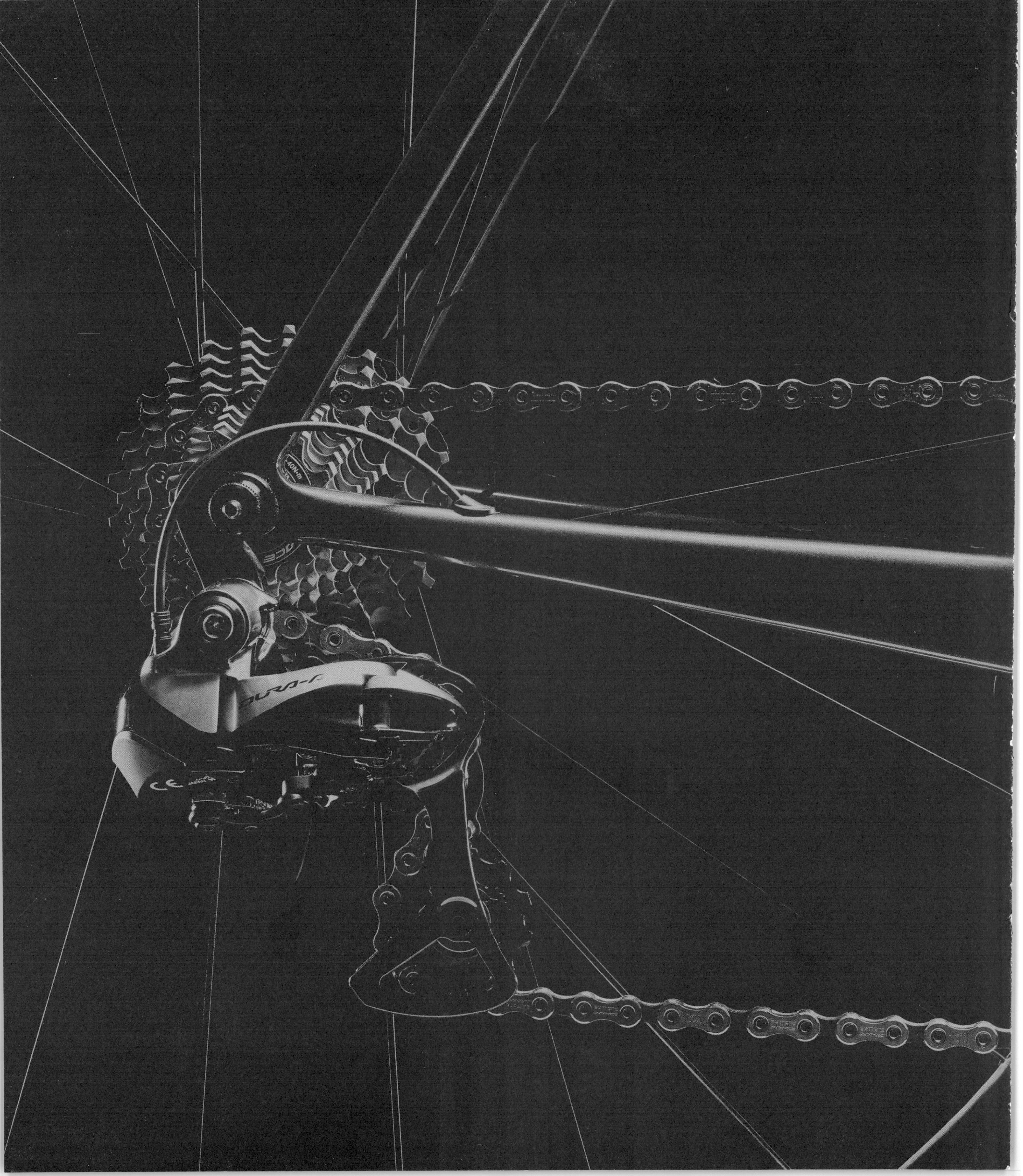